意志的力量

自控力练习

〔美〕弗兰克·哈多克◎著
春天◎编译

图书在版编目（CIP）数据

意志的力量：自控力练习：典藏版 /（美）弗兰克・哈多克著；春天编译.
—北京：北京大学出版社，2017.7
ISBN 978-7-301-28380-6

Ⅰ.①意… Ⅱ.①弗… ②春… Ⅲ.①意志—通俗读物 Ⅳ.① B848.4-49

中国版本图书馆 CIP 数据核字（2017）第 105133 号

书　　名	意志的力量：自控力练习（典藏版） YIZHI DE LILIANG
著作责任者	〔美〕弗兰克・哈多克 著　　春天 编译
责任编辑	刘　维
标准书号	ISBN 978-7-301-28380-6
出版发行	北京大学出版社
地　　址	北京市海淀区成府路 205 号　100871
网　　址	http://www.pup.cn　新浪微博：@ 北京大学出版社
电子信箱	zpup@pup.cn
电　　话	邮购部 62752015　发行部 62750672　编辑部 62764976
印 刷 者	北京鹏润伟业印刷有限公司
经 销 者	新华书店
	787 毫米 × 1092 毫米　16 开本　20.5 印张　300 千字 2017 年 7 月第 1 版　2017 年 7 月第 1 次印刷
定　　价	58.00 元

序

本书在它所在的专业领域属于比较超前的——这种性质的书仅此一本，本书的性质在它所属的类别中也是绝无仅有，而这个类别在全世界则是独一无二的。

本书的这一修订版本准备付梓出版的时候，之前版本的读者已经达到了10万人之众，这与历史上的任何类似出版物相比都是一项空前的记录。社会各个阶层的读者写来成千上万封热情洋溢的信件赞扬本书，他们都在这本书的帮助下真正认识到自己最为宝贵的雄心与梦想。作者在此深切地感到自己为准备这些课程所付出的长期的辛苦没有白费。

《大脑与个性》作者威廉·汤姆森的研究发现，人类的大脑物质其实有很强的可塑性，也就是说，人的大脑功能经过培养和练习，是能够被强化的。所以，人的大脑绝不应该满足于天生就具备的少数几项功能。相反，通过认真的练习和教育，人的大脑细胞是能够发生变化的，从而使人获得很多并非来自遗传的功能或能力。

这个发现为教育提出了一个全新的重要目标，即培养人们更好地运用各种方式来开发自我的潜在力量。这就需要我们将更多的注意力集中在改善神经系统的功能和发展大脑智力上，而不是强调对客观知识的掌握。本书也是以这样的理念作为出发点的，本书的目的并不在于让读者记住书中的内容，而在于使读者以更有效、更理性的方式对待自我的不断成长。

高贵的自控力——这一禀赋是每一个人都具有的至高无上的权利。在每个人的大脑中，都有着取之不尽、用之不竭的财富。正是具有控制能力的个人自控力，才使得大脑人性化。所谓人性化的大脑，是指人的大脑经过日积月累的练习，能够用理性的目光判断是非，用真挚的情怀体恤他人，用宽容的态度理解世界。正是自控力为思考能力铸造了存在的空间，并且使其成为人的身体中最具人性化的部分。当这种高贵的自控力和一个人的天赋、学识、才能完美地结合时，他就能获得富裕的生活、非凡的业绩和令人瞩目的成功。

威廉·汤姆森说："在将大脑塑造为精神工具的过程之中，自控力始终高于精神之力，因此人的意愿（自控力的外在表现）完全拥有统治和指引精神的特权，正如精神具有统治和主导躯体的特权一样……意愿是人的最高领袖，意愿是各种命令的发布者。当这些命令被完全执行时，意愿的指导作用对世上每个人的价值将无法估量。一个人的精神如果总受意愿控制，他将根据精神而不是条件反射来思考，从而使人的生活具有明确的目的性。一个已养成良好的习惯并总能按照目标的要求来思考和行动的人，其言行必然是与目标相一致的。这样的人，谁与争锋？"

威廉·汤姆森又说："有些人刚开始似乎优势明显，聪明过人，有机会受到教育，有很高的社会地位，但其中能走得很远，攀得很高的人为数不多。他们一个接一个地变得步履蹒跚，害怕被人超越。而那些最终超越他们的人刚开始并不被世人看好，很少有人想到他们能超越那些具有明显优势的人。因为他们看起来并不聪慧过人，综合素质也远远落后于那些人。那么，这是为什么呢？自控力可以解释这一切。在人的生命过程中，再也没有什么比自控力具有更强大的精神力量了！没有强大的自控力，即使有着最优秀的智力、最高深的教育和最有利的机会，那又有什么用呢？”

由此可见，任何一个想成就自己、实现自我的人，完全有理由、有必要来修炼自己的自控力。如果夸张一点说，那是“意愿创造人”。你的大脑是你在这一世上取得成功的唯一源泉。它是宇宙中一种十分神秘的东西，你所要做的就是：在其中留下行为的踪迹，获得实施行动的自由；学会把精神力量转化为现实……而所有这一切都与人的自控力有关。

在你的大脑中，储藏着取之不尽的财富。通过提高自控力，你可以获得人生的富贵，拥有生活中的各种成就。这种自控之力默默地潜藏于我们每个人的身体之内。一位哲人说得好：“你是自己人生殿堂的建筑师！”而在这个世界上，真正创造人生奇迹者乃人的自控之力！

弗兰克·哈多克

目 录

第一篇

自控力练习：成功的唯一秘诀

第一章　自控力练习：成功的唯一秘诀

一个用心修炼和提升自控力的人，
将获得巨大无比的力量，
这种力量不仅能够完全地控制一个人的精神世界，
而且能够让人的心智达到前所未有的高度。
自控力是一把开启人的洞察力和征服力的神奇钥匙。

有史以来，关于成功的秘诀的谈论实在是太多了，然而成功并没有什么秘诀可言。无论是嘈杂的集市还是空寂的旷野，胜利女神的召唤无处不在，她的轻语呢喃背后，只有一个关键词：意愿。任何留心倾听这种召唤的人都有能力攀上生命的高峰。这些年来我一直努力尝试一件事情，那就是让每个人记住一个事实：当你给自控力加上激情作为燃料，然后说“开动！”它就会带你前往人生的巅峰。

——罗素·H.康沃尔博士

自控力让你拥有超常能量

对于一个人来说，自控力是一种为人和处事的方式，人们可以通过它来指导自己的思想和肉体。自控力不仅是指下决心的决断力，不仅是用来感悟理解的领悟力，或是进行构想的想象力；自控力是指所有“进行自我引导的精神力量本身”。

罗伊斯[①]说：“从狭义的角度讲，自控力一般是指我们全部的精神生活，而正是这种精神生活在指引着我们各种各样的行为。”一旦一个人学会使用这种有益的力量，他就会形成一种意愿。我们所说的意愿，就是指自控力的外在表现。

所有的意愿都会对人们心理和身体上的行为产生一种附加的心理引导。思想和身体对意愿的认可就是自控力的外在表现。

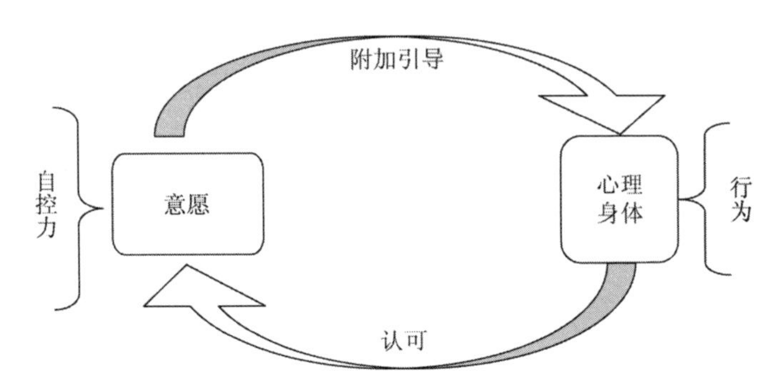

一个人的行为，无论是精神的还是身体的，都是其自控力的外在表现

没有人试图去做自己根本无法完成的事情。一个人也不可能决心抬起自己已经残疾的胳膊，也不会决心在没有任何机械帮助的情况下在空中飞翔。

① 乔西亚·罗伊斯（Josiah Royce，1855—1916）：哈佛大学教授，美国最著名的理想主义哲学家。

对于上述这些可能性极小的事情，人们偶尔也许会产生尝试一下的想法，但他们不会发自内心地决定去做这种事情，因为他们根本没有真正的勇气去做这种超越自己能力范围的事情。

自控力既是静态的又是动态的。一方面，它是指引人类行为的力量；另一方面，它又是人们为了满足这些目的而进行的行为本身。所以，当一个人可以在某一事情或一些事情中表现出极大的决心与力量时，他就会被认为“有很强的自控力”（静态的），当然，其自控力的特性需要通过他决断或行动的力度和持久性表现出来。这样静态的自控力在这一过程中变成了动态的自控力：他的决断也就成了自我引导下思想的行为表现。

当然，自控力也可以被看作一种能量。根据能量大小的程度不同，我们还可以判断出一个人的自控力是薄弱还是坚强，是发展完好还是有些障碍。

摩尔人的领袖莫利·摩洛克病得非常严重，卧床不起。正当他被不治之症折磨得病入膏肓之时，摩尔人的军队与葡萄牙人之间发生了一场激烈的战争。在战争的最紧急关头，莫利·摩洛克竟然从病床上一跃而起，再次召集起自己的军队，领导他们取得了战争的最后胜利。然而，战争刚一结束，他就已经精疲力竭，撒手人寰。

这就是一个自控力积蓄而发的典型例子。当然，这样的例子不止一个。有一个名叫布隆丁的人，他是一位走钢丝的杂技演员。他曾经讲过这样一个故事：

有一天，我与别人签订了一份协议，要求我在某一天表演走钢丝时推一辆手推车。签订协议的时间正是我腰疼病发作前的一两天。当开始腰疼之后，我叫来了医生，要求他必须在那天前把我的病治好。否则，我就失去一次赚钱的机会，而且要承受一大笔罚金。事与愿违，我的病情并不见好转。出场前的最后一天晚上，我与医生进行了激烈的争论，他强烈地反对我第二天去表演走钢丝。第二天早上，我的病情仍然没有好转，医生严禁我下床。我对他说："我为什么要遵从你的劝告？你根本就没能把我治好，我为什么还要听从你的意见？"当我来到表演场地的时候，医生也随之跟到了那里，极力阻止我不要去走钢丝。但我还是执意要表演，尽管直到走钢丝前的一分钟我的腰还是很疼。我把平衡杆和手推车准备好，用手抓住手推车的把手，沿着钢丝推车前进。结果，此次表演与我以往的表演一样，非常顺利。我把手推车推到钢丝绳的另一端后，又沿着钢丝绳把手推车推了回来。可是，当表演结束的时候，我的腰又开始剧痛起来。那么，是什么东西促使我在腰痛病发作的情况下完成了推车走钢丝的表演呢？那就是我积蓄起来的自控力。

在决心要完成某种行为时，自控力首先就代表着这种情况所表现出的一种精神力量。如果说一个人具有很顽强的自控力，那就意味着他通过自控力本身以及自己的身体或者其他事物，能够利用巨大的能量来达到自己的目标。正如爱默生所说，自控力是一种"对整个人进行激励的冲动"。

从这一角度来讲，人的思想可以比作电池，其释放电量的大小取决于其个体的大小和容量。电池体内可以积蓄很多能量，在适当操作的情况下可以释放出强大的电流。对于一个人来说也是如此，在某些特殊情况或者某些特殊事件的刺激之下，他可能会表现出巨大的自控力，而这种自控力又可以激发内在的超常能量。所以，自控力可以被看作为一种积蓄起来的力量，一种可以增加数量、提高质量的能量。

自控力不仅是一种动态的思想力量，也是一种人们对目标不懈追求的力量——这种目标可以是暂时的、近在咫尺的，也可以是恒久的、远在未来的；可以是只涉及人们为人和处事的细微之处，也可以是关系到人的一生的复杂利益组合。而自控力在长期目标中所能起到的作用，则取决于其在平时完成某事时所起到的作用。在一些互不相干的、偶然发生的事件当中，自控力可能会表现出巨大的力量，但如果其所面对的是某一事件的全过程，或者是关系一生的宏伟目标，它也可能表现得力不从心。换句话说，一个人的决心通常是不坚定的，因此，他就无法在一段很长的时间内或一系列的行为当中保持顽强的自控力，当然也就不可能通过自控力去实现长期的目标。因此，练习和提升个人的自控力，是关系一个人一生成败与否的重要条件。

有一句谚语说得好："一条锁链的坚实程度，取决于锁链中最薄弱的一环。"提高自控力别无他途，只有一贯地发挥自己的智慧并坚持自己的决心。人类的行为是依靠自控力的，相反，自控力也对人有依赖性。我们只有自己做出选择。此时，有关自控力问题就产生了一对矛盾：自控力具有引导自我的巨大力量，而这种力量的发挥以及目标的实现又取决于人。正是这对矛盾，引出了一系列对精神问题的疑问。让自控力得到自由发挥是一件很困难的事情，上述讨论只能是些浅尝辄止。虽然这个问题看起来已经很明了，但是，仅仅通过这些篇幅的讨论，似乎有些过于抽象。

知道做什么并坚定去做，这就是自控力

一位法国作家曾说："所谓自控力，就是为实施某一行动而做出的选择。"这种说法其实并不十分准确，因为做出选择的是人而不是自控力本身。但从广义上讲，也可以将自控力定义为选择"一个人应该做什么"的力量。

这种选择往往在紧随自控力之后进行，与自控力相伴而来的则是相应的行为。只要精神条件和身体条件允许，我们通常会按照自己的实际选择行动。当条件不允许的情况下，也许我们心里充满了渴望，但是主观上我们不会选择去做。所以从这个角度来说，人们的选择包含着一种理性。只有当理由足够充分的时候，人才会产生自控力。一个充分的理由就完全可以构成一种动机，人们认为可以将其作为行动的依据。当人们认可了某种动机的时候，也就形成一种充分的理由，此时他就已经选择好了适当的行为来服从这种意愿。当然，也有可能出现下述情况，很多人似乎都认可某种理由用来实施某种行为，却没有决心去实践。原因是什么？那是因为在他的潜意识当中，可能有其他理由为不采取行动或采取相反的行动提供了充足的依据。

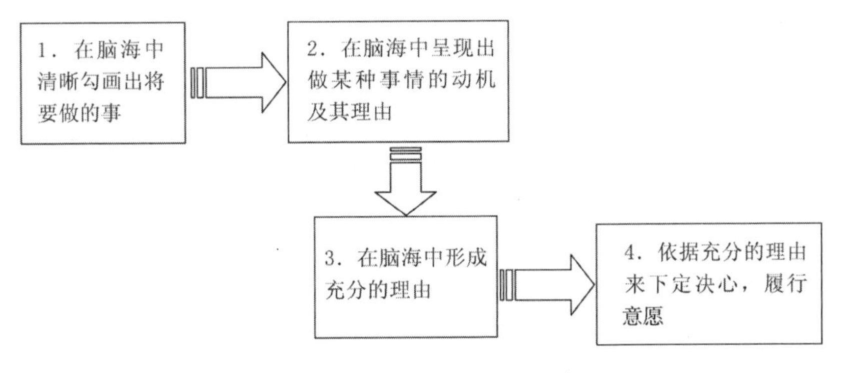

自控力改变个体行为的4个步骤

乔西亚·罗伊斯教授在他的著作中曾经说过这样一段话："我们不仅能感受得到自己的行为及其观点态度，而且我们对自己的行为和观点态度的重视程度也存在着一定的差异。我们对于某些东西可能要注意得多一些，而对另外一些东西可能要注意得少一些；在具体行动和行为方式上，有时我们选择一种倾向，有时却可能选择另外一种倾向，由此来实现我们的目标与愿望。"

通过动机的引导，人们可以形成某种意愿。我们不能把动机与行动的意愿完全区分开来，因为动机是产生意愿的一个重要因素。如果你一定要弄清动机与意愿的细微差异，那么最终有可能得出一个荒谬的结论，即两者之间基本上没有任何差别，因为事实上它们是浑然一体的。尽管需要有充分的理由来支持动机，以此唤起自控力，但是这些理由仅仅是其中的原因之一，它并不是促使自控力发挥作用的直接力量。人才是对自控力产生影响的直接作用者，人可以很充分地找出足够的理由来下决心。归根到底，人是行为的最高统帅！

遵循生命规律，获得改变命运的力量

说到意愿的自由，其实就是讲意愿是存在的，是在发挥作用的。一个人如果没有能力决定自己该做什么，就不是一个完整、和谐的身体组织。

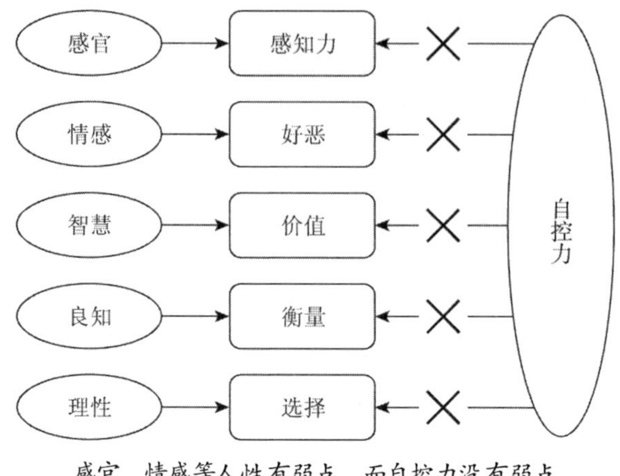

感官、情感等人性有弱点，而自控力没有弱点

自控力可能是脆弱的，但即便如此，在自控力起作用的有限范围内，它还是自由的。

人的自控力不会受到任何的束缚。自控力本身并没有感知能力，只有人的感官才能感知事物；自控力并不会对某种选择产生渴望或厌恶，人的情感才会产生好恶；自控力也不会判断一个目标的本质和价值，人的智慧才能做出判断；自控力不会对一个目标或一种选择进行衡量，人的良知和道德感才会进行这种衡量；自控力不会衡量和比较种种目标并最后决定应该选择还是放弃，只有人的理性才会对这一行为做出选择和判断。

人的智慧、洞察力以及判断是非的能力都是有局限的，所以在思考各种动机和对其做出判断时可能会存在很大的难度，甚至可能无法决定哪种动机应当起主导作用，但是这些人身上存在的弱点，并不存在于人的自控力之中。这些弱点与自控力没有任何关系。从其定义来看，对于任何一个人而言，不论此人本身是否受到制约，意愿的自由都是不受约束的。因为随着人的成长、教育程度和道德观念的变化，任何约束都可能会被逐渐解除，从而使人获得真正意义上的自由。从某种意义上来说，除了受到疾病的困扰外，人们总是能够为任何动机找到充足的理由。

大多数人都曾经有过邪恶的想法，并且克制了自己的这种意念，但是对邪恶的制约是由于人们倾向于选择那些具有道德感的动机。当然，一个社会也可能邪恶横行，此时我们就可以这样解释：邪恶是在获得了自控力的许可后才放纵了它的贪欲。一种富有智慧的力量，一种能够确定目标并执着追求目标的力量，也许会忽视那些正确的、引导它前进的行动准则，最终完全迷失了方向，无法达到它本应到达的终点。

塞缪尔·约翰逊[②]曾经说过："如果一个人完全依赖情绪和感觉，他就会逐渐屈服于它们，并最终受制于情绪和感觉，从此他不再是一个自由的人，或者也可以认为他已丧失了真正的自由，事实上这都是一回事。"没有人相信所谓"必要性"的说法。一个人如果提出一些我闻所未闻的论据，即便我不能反驳这些论据，但是我会相信吗？一个品格高尚的人会倾向于为正确发挥自控力找出充分的理由。

因此，自控力既然是真理，它就必然要符合一定的规律。它必须要遵循生命的一般法则，必须依照其内在的规律运行。如果自控力不遵循规律，它势必失去存在的意义。作为思维的一种机能，它可以对性格、环境和伦理产生一定的影响。然而，其所有的特点都在说明一件事情，那就是，所有的自控力都要有充分理由予以支持。没有理由、不遵循规律的自控力就毫无意义可言。不遵循规律的自控力就不能说它是自由的自控力，甚至根本不能称其为自控力。不遵循规律的自控力是反复无常的，而反复无常则意味着某些不确定因素很容易影响和干扰人的思想。如果一个人处于这样一种状态，那么他与一个言听计从的奴隶又有什么区别呢：他无法明智地采取行动去实现一个既定目标，从而走完自己所选择的道路。

自控力只有发自于内心，才会保持自由的状态。但是要做到"发于内心"，就必须遵循一定的规律。规律是自由的实质。任何自由事物的活动不会受到其内在规律的阻碍，这才能称得上"自由"。自控力不能超越其自身，自控力也没有必要求得超脱其本身的自由。鸟可以自由自在地在天空翱翔，却不能自由地在水中游泳。鸟的本性决定了鸟飞翔的自由，加在这种自

② 塞缪尔·约翰逊（Samuel Johnson，1709—1784）：英国作家，批评家。英国文学史上重要的诗人、散文家、传记家和演说家。

由之上的束缚并不是鸟本身的缺陷。个人思想的局限性并不妨碍自控力本身的自由，这都是一个道理。

下面这段文字是慈善家霍华德先生总结出来的有关自控力的特征，可以称得上是对自控力的最佳诠释：（1）静态的；（2）动态的；（3）一种能量；（4）受精神控制；（5）自由的；（6）受性格决定；（7）短时间的。那么人类个体的自控力表现通常是：人们的决心所表现出来的意愿能量（上述特征3）是静态的（上述特征1）、强大的，以致最终形成习惯。只有在极少数的短期情况下，自控力才表现为动态的（上述特征2），这种动态可能会像一股突然迸发的激烈的洪流；然而，只要不被中断，自控力很少能打破平静稳定的状态，这种状态恰好与骚动和兴奋的情况完全相反，这是一种具有张力的平静。自控力在精神的控制下（上述特征4）保持始终统一的平衡状态，这是由人的天性决定的，它不允许自控力过分地膨胀，同时因为人的性格的作用（上述特征6），人类对个体自由的（上述特征5）追求又促使自控力不能低于标准的水平。

爱默生曾说：“如果在人的内心没有自控力的转换，就没有力量来推动

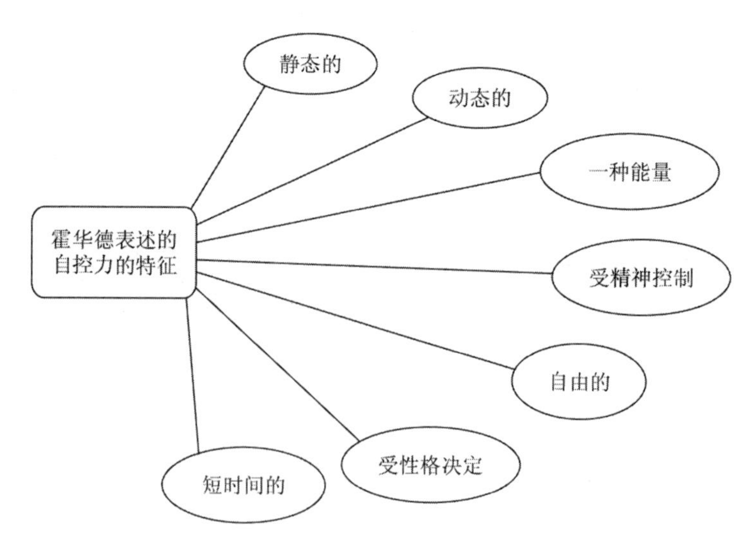

霍华德表述的自控力的7个特征

他的行为。”霍华德的话正好验证了爱默生的说法。人类的本性就是对这种说法的最佳诠释。这种推动人类前进的力量甚至可以征服命运，这种力量是促使自控力走向自由的动力。

哈佛教授爱德华·H.克拉克博士说过：“自控力或自我是天生的王者，在特定范围内，人身体的各个部分都会认同它的权威。同大多数国王一样，他决定扩展自己的领域或者扩大自己的权力，他都能够成功。只要他动用行政权和执法权力，采取直接而强有力的措施。人身的每一个器官组织都会心甘情愿地接受他的指令。与之相反，如果他对自己所处的地位毫不在意，对经常性的警惕和辛苦感到不耐烦，不久他将发现他手中的权力在慢慢地消失，他最终将沦为别人的奴仆。”

在你生命中的每一天，都有无数机会正在等着你，心理学家利兰的一段慷慨激昂的文字更使我们深受启迪：“一个有意修炼自己并提升自己自控力的人，将会获得无比巨大的力量，这种力量不仅能够完全控制一个人的精神世界，而且能够使人的心理达到前所未有的高度，此时一个人以前从未想过能拥有的智慧、天赋或能力都变成了现实。所有那些一直以来不为人们所发现的东西其实就存在于人的自身，自控力就是那把能够开启人的洞察力和征服力的钥匙。”

到此为止，我们已经对自控力的相关问题进行了大致的讨论，目的就是为了使你清楚地认识到自控力在生命中所占据的位置，激励你对自己所拥有的这一至高无上的力量进行练习，你一定会从这些练习中受益匪浅的。当然你得为这种练习付出代价，在付出的同时也会感到快乐的。

至于本书到底能为读者提供多少帮助，则完全取决于读者自己。

第二章　自控力的三重角色——主人、统帅、导师

人与人之间、强者与弱者之间、大人物与小人物之间最大的差异，
就在于其自控力，
即所向无敌的决心。
一旦确立了目标，就要坚持到底，
不在奋斗中成功，便在奋斗中死亡。

自控力似乎总喜欢随着人的需要而变换位置，当我们希望回忆起某幅图片、使用某个词组，或是回想一段旋律时，它可以出现在大脑中相应的不同部位，驱使我们的肌肉活动，命令我们的大脑思考。它就像身体的领袖，威力遍及四肢百骸，人体的一切活动都离不开它。

——心理学专家霍姆斯

自控力改变习惯，习惯决定命运

强有力的意愿是身体的主人，它总是借助于各种欲望或理念来指挥着我们的躯体。

哈姆雷特的掘墓工人是心甘情愿地选择了这种繁重的体力活。美国上将杜威和他的水手们也是自愿以自己的血肉之躯，冒着枪林弹雨抵达了马尼拉港，他们并没有丝毫的退缩和畏惧之意。殉教者可以无畏地将自己的身体奉献于熊熊烈火。音乐家帕格尼尼能够自由地指挥他的手指在小提琴上演奏出令人叹服的乐章。同样，受过练习的运动员也能够自如地引导身体各部位力量，然而要知道，在练习的最初，这些不同部位的身体力量就如同脱缰的野马一样难以控制。“接受不断的磨砺，并且顽强地挺过来，这是成长为一名优秀运动员的必经之路。”伊格内修斯的话揭示了一个道理：顽强的自控力对于生命有着重要的意义。而现代大学中的心理学研究者也把每一种身体的因素或力量视为一种工具、一种预兆、一种对个人精神状况的反映。

自控力对于躯体的支配作用常常可以在身体的控制行为中发现。所有个人主动养成的习惯都可以作为这方面的证明。虽然习惯已经成了一种自觉行为，但它所表现出来的仍然是对自控力的一种长期实践。习惯养成以后，就变成了自控力对行为的一种无意识控制。

我们很容易找出这方面的证据，歌手展现美妙的嗓音是对平时练习的一种释放；音乐家熟练的指法，其实也是一种长期练习的结果；技术高超的骑士之所以在各种条件复杂危险的情况下也能恰如其分地控制自己的身体，是因为他的大脑已经能对各种境况快速、恰当地做出反应；雄辩的演说家能将自己的感受迅速通过肢体语言表达出来，这些都是同样的道理。所有这些例子都表明自控力在发挥着作用，自控力把具体的行动与意愿协调起来，并最终实现了这一目标。其实，不管是哪种技能，不管它有多么复杂，其中每个具体动作都离不开自控力的作用。它们都需要自控力做出合乎情理的说明和指导。所以，尽管人们有可能没有自觉地意识到自控力的主导作用，但自控力却实实在在是人身体的统帅，并掌握着至高无上的权力。

这种自如的状态并不是意识直接控制的结果，但意识会形成一种无形的力量。如果这种潜能无法通过自控力的直接作用发挥出来，那么对自控力的所有练习都将是徒劳的，不管这些练习看起来多么有成效，结果只会使人的自控力削弱而不是增强。

在人类生活中，“无意识”或“潜意识”发挥了巨大作用。从某种程度上讲，人的思想可以唤醒一定程度的自控力，并将这一自控力通过巨大的力量贯彻到某一具体的行为中。那么，“一定程度的自控力”是不是表明此时的自控力并没有得到很好的运用呢？我们知道，事实上，在这种情况下，我们会表现出更加积极而强大的自控力。

如果一个人运用他的自控力凝视某一物体，那么他的眼神就会变得神采奕奕。如果他只专注于倾听，而在自己的意识里将其他感觉都排除，那么他的听觉就会变得极其灵敏。如果他将所有的注意力都集中在神经末梢，那么触觉就会极其敏锐，盲人就属于这种情况。当一个人全心全意地投入到某一运动中时，在强大的自控力的控制下，他的肌肉会完成一连串动作，并且做得极为出色。

一些对精神的刺激，如恐惧、爱慕、期望、宗教信仰和音乐陶冶等，精神和肢体都会被自控力而唤起。

运动员在奥运会上取得辉煌的成绩，普通人在危难时死里逃生，母亲对

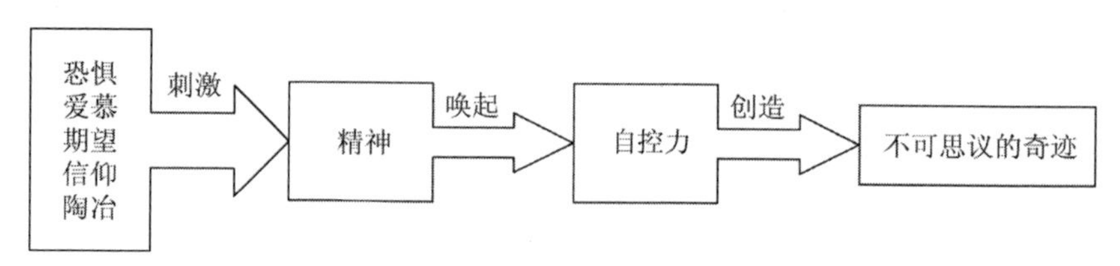

人的思想可以唤醒一定程度的自控力，
并将这一自控力通过巨大的力量贯彻到某一具体的行为中

孩子奋不顾身的救助，演说家和传教士不懈的努力，精神病院为救治精神病人所取得的来之不易的成就，都离不开自控力发挥的巨大作用。

此外，通过控制自己的行为，自控力也可以创造出许多不可思议的奇迹。例如，逃跑的罪犯因为害怕警察逮捕，可以装成死人而一动不动。骄傲和自豪能够让人克制病痛的呻吟。爱可以使患绝症的病人忍住辛酸的泪水。甚至在一些让人无法控制的情况下，神经受到刺激后，自控力也可以将其牢牢地控制住。强大的自控力还能治愈某些精神上的疾病。某些身体的习惯性动作，如脸部抽搐，四肢无意识的小动作等等，都可通过对自控力进行练习而得到矫正，并且在个人生活或公共场合中表露出来的一些不好的习惯也可以因此而戒掉。此外，当你认真阅读一本书时，外界的声音似乎被隔绝了。在你全神贯注做一件事时，甚至可以忘掉饥饿。在一些非常特殊的场合，人的一些非常明显的倾向也可能发生改变，甚至变得截然相反，这也表现了自控力的巨大作用。另外，人有时不惜付出巨大代价来坚持自己的观点、绝不背叛自己的信仰，这也是自控力在发挥作用。

人的躯体是自控力的奴仆。遗憾的是，很少有人对自己的自控力进行各种开发和练习。

强大的自控力是血肉之躯的主人

1. 自控力可以让人为了理想而英勇献身
2. 自控力可以让人艰苦练习，掌握技能，成为专家
3. 自控力可以释放身体潜能，创造生命奇迹

自控力成就天才创造力

如果自控力是正确的，那么，它就可以控制人类的各种思维机能。有一个例子我们大家都很熟悉，那就是集中注意力。当一个人集中注意力时，

就将意识全部集中在一个物体或者一组物体上了。例如拿两张沾有不同香水的纸条，我们可以嗅到两种不同的香气。但当我们集中注意力，全心全意去感受其中一种香水的味道时，那我们嗅到的只会是一种而不是两种香味。这个例子同时也说明，自控力可以引发人的抽象思维。在某种单一的行为中，人的思维所呈现的专注程度和力度，往往体现了对自控力进行长期练习的结果。从这个角度来说，“集中注意力”的程度就体现了自控力的强弱，或者可以说，在思考过程中，在人对动机、事实、原则、方法的掌握过程中以及人的自我控制能力的大小方面，都可以体现出一个人的自控力强弱。

所以每个人应该对他自身的行为或状态保持高度敏感性。譬如，一个对生理学和心理学知识非常了解的人，通常会在集中注意力方面表现出巨大的潜力，他能够尽量去感受各种变化，甚至能感觉到身边每一个细节的细小变化。儿童在学习走路的过程中通常也能表现出这种全神贯注的精神。声乐练习也同样需要练习者注意力高度集中，要集中精力倾听每一个音符，注意这些音符形成的旋律。几乎所有工具、乐器的使用都对自控力的集中有着严格要求，并且这些乐器越精密复杂，控制起来就越困难，同时对自控力的要求也越高。从这一点来讲，想要练就一种精湛的技艺，就必须具有强大的自控力支持，这是一条普遍适用的规则。

因此，正如上文所说，随着一个人的精力集中，他的视力、听力和神经末梢的感知能力等等都可能有很大的提高。

我们甚至可以通过巧妙地运用注意力来增加肺功能以及肺活量，也可以通过运用注意力来培养我们走路的姿态和气质，当然也可以改变我们讲话的习惯。从上面这些例子可以看出，在强大的自控力的正确引导下，如果一个人在某些方面集中其注意力，可以使某些能力获得显著提高。

通过阅读过程中注意力集中的程度，可以对注意力进行一下测试。正确的阅读方式应该是把注意力集中于书本的文字上。著名作家科索斯曾经说过：“我在阅读文章的时候，如果对某句话不理解，我就不会继续读下去。”这句话正好说明了这个问题。

无论是画家作画，还是音乐家聆听优美的乐曲时，都需要思想高度集中。有一位画家，他一年内画了很多幅肖像画，他说："当模特来到我面前的时候，我会聚精会神地凝视他半个小时。偶尔在画布上描出他的轮廓。除此以外，我不会想其他任何问题，也不会在画布上多画些什么。我会将画布捆起来，然后再准备好给下一个人描画轮廓。当我想继续画完第一张肖像画的时候，只需把那张画拿出来，然后放在画板上。当我看到画中的轮廓时，我就能清晰地记起模特的模样，仿佛看到他本人站在我的画板前一样。"

还有一个关于著名雕塑家大卫的传说，也与上一个例子十分相似。据说大卫准备为一位即将离开人世的妇女雕塑一座半身像，但又不想惊动她，于是，他就假扮成珠宝商去拜访这位女士。但见面的时间很短，大卫只能努力记忆她的模样，回去之后完全凭记忆中的形象用石头进行雕刻。同样，布林德·汤姆在倾听每一首曲调变化复杂的乐曲时，总是聚精会神，几乎完全陶醉其中，令人不可思议的是，过后他能立刻将这首乐曲演奏出来，并且演奏得与原来的乐曲丝毫不差。因此，从某种程度上来讲，我们可以得出这样的结论，成就天才的奥秘就是要保持注意力高度集中。

自控力通常会在连续思考的过程中表现出它最强有力的一面。在思考过程中，思想必须深入到每个问题的深处，努力挖掘其最微小的细节，并努力探究高度复杂的发展趋势。同时还要以极大的精力关注种种事实真相，以及它们之间的相互关系等，并且还要不厌其烦、坚持不懈地对它们进行比较、综合、分割、提炼。拿破仑在这些方面就有着超乎寻常的能力。美国威斯康星州的参议员卡朋特在表决重要决议的前一天晚上，总在满是法典的书房中把自己隔绝开来，直至第二天早晨都不会考虑决议以外的事情，以让自己完完全全沉浸在对这一问题的思考之中。

同样，诗人拜伦也喜欢与世隔绝，只喜欢与白兰地和水为伴，连续几个小时陶醉在艰苦的诗歌创作之中。下面的故事足以说明哲学家黑格尔之所以能够取得如此辉煌成就的原因。有一次，黑格尔拿着一部书的手稿到耶拿（德国的一个城市）去找他的出版商，而那一天正是耶拿战役爆发的日子。

黑格尔走在大街上，当看到胜利归来的拿破仑军队时，他感到非常奇怪，因为在此之前，他对这一吸引全欧洲注意力的重大事件竟然一无所知！保罗在阿拉伯，但丁在冯特阿贝勒那的森林中，班扬在监狱里，都曾多次沉醉于这种长时间的沉思之中。这些例子都非常有说服力，它们都表明一个事实，只有把思想与纷繁复杂的外界隔离开来，把精力集中于一件事上，才会产生伟大的思想。

我们都知道，集中思想和注意力的主要方法就是培养对眼前事物的兴趣。反过来说，当一个人不断地使思想专注于所要处理的问题时，也会使人对这一问题产生浓厚的兴趣。而坚持不懈地学习、深入研究更促使人投入到所考虑的问题中去，发现事物的一些新特征，从而吸引人更加集中精力进行思考。学术研究活动就恰好证明了运用自控力所产生的回报。长时间地关注于所思考的问题，脑子就会活跃起来，而且越转越灵活。同样，如同机器设备一样，自控力在刚刚启动的时候，效率总是很低的，但是随着不断地使用，其效率就会越来越高，能力也会越来越强。就像有人所说："只要我们把注意力和情绪都投注于曾感受过的慈善和友爱之上，我们就会使自己内心充满爱。"

这对于其他不同种类的情感与心理来说也是一样，甚至对于逻辑推理也不例外。有人认为伟大的思想成果完全取决于所谓"灵感"，这根本就是一个非常荒谬的观点。推理的过程、创作的过程、陈述的过程，无不归功于自控力的指导作用，自控力使人思想集中，并能激发人的兴趣，从而迸发出真正的灵感。麦考利爵士在做了充分的准备之后才着手编写《历史》一书；安东尼·特罗格普也已经形成了自己的惯例，如果要写一本小说，那么他就按规定的页数进行写作，他认为这种规定是一种帮助他文思涌动的方法，而不是一种压力和烦恼。同样，在审判司法案件过程中，辩护律师常常会与那些十分顽固的法官们唇枪舌剑数小时，所以我们可以常常在法庭上目睹"妙语连珠"的情形。只有通过这种方式，辩论者的思想才会迸发出与众不同的神奇光芒。

同样，在记忆过程中，我们也能看到意愿的力量。在"记忆"的过程中，自控力经常会通过自己的能量给精神充电。当然有些事实也会因兴趣的

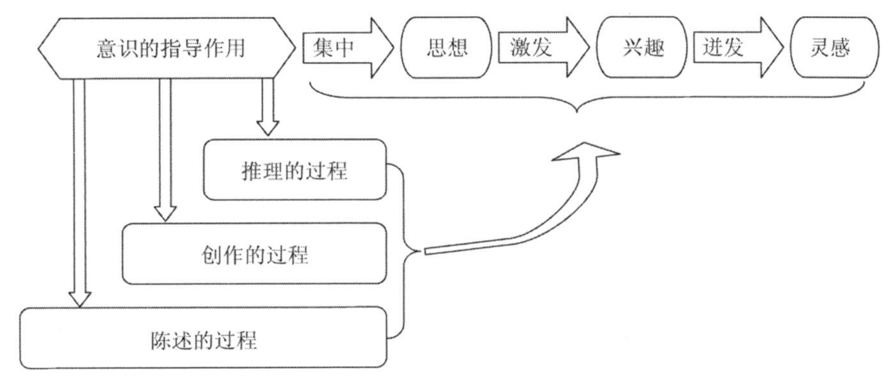

推理的过程、创作的过程、陈述的过程，无不归功于自控力的指导作用，自控力使人思想集中，并能激发人的兴趣，从而迸发出真正的灵感

巨大影响而记录在人的头脑当中。正如我们所认为的那样，在接受教育的过程中，大脑尤其需要自控力对它不断加以勉励。运用小和尚念经般的、反复诵读功课的学习方式，是什么也记不住的。在记忆过程中，需要注意力、集中思维和兴趣等诸多因素的积极参与。“记住！一定要记住！”这种想法就显示了自控力对人的思想的作用。

由于麦考伯担心自己记忆力衰退，他经常去进行记忆力的检测，以激励自己进一步增强记忆力。著名历史学家威廉·普雷斯科特的视力不太好，于是他就特别增强自己的记忆力的练习，以至于可以将长达60页的著作通过记忆口述出来。弗朗西斯·帕克曼和达尔文的视力也很差，但他们都具有惊人的记忆力。确实，有些人在某一方面天生就有十分强大的能力，但真正有用的记忆力却必须依赖于自控力的驱动和坚持不懈的努力。

记忆总是与想象力密切相关。对于过去的东西，如果大脑只是一片空白，那么它就无法拼凑出想象的图景。想象有着一系列奇妙的特性，如强制性、目的性和控制力。弥尔顿的想象力非常丰富，想必他在创作《失乐园》之前，就已经在大脑中对各种宏伟景象进行了描绘。如果没有自控力的指导，盎格鲁能够看到不朽的图景吗？如果没有想象力，理想中的世界能够变成现实吗？美好的想象力无疑可以踏过思维的草原，当路德看到魔鬼的世界，当歌德在其姐姐家里见到奥斯托德所作的画时，他感觉自己无意中窥到了艺术家深邃的内心世界。想象力也常常会以神奇的力量折磨他人的思想，例如，印度吉卜林的百姓们被“里克乔”的幽灵所“统治”，就是因为他们完全处于一种病态的幻想之中。

令人不可思议的是，当歌德谈到这次经历时说：“这是我第一次如此深刻地认识到，我竟然有如此天赋，对于我潜心研究的作品，我可以想象出其作者的特色。”有时我们会在头脑中冒出各种念头，尽管这种念头极为新颖，但是或多或少有些模糊和令人迷惑。然而，只有付出大量的努力和心血，才能在脑海中建立起这种丰富的联想。

某些职业需要依赖语言表达，例如法官，当法官审理司法案件时，他就要在脑海中组织大量的案例资料；在创造发明的过程中，也需要先将物体的形态与它们的构造保存在脑海中；在大型的商业活动和军事行动中，更加需要事先掌握所有的细节和全面计划。这些例子都说明了一个事实：要获得成功，仅靠天赋是不够的；要想成功，就必须依靠自控力发挥积极的作用。只有不断地磨炼自己，才能成就自己期望所获得的一切。

坚定不移的信念和持续不断的练习，会使得一个人在脑海中对事物的看法、对事物的观察、对各种事物的相互关系形成更加深刻而可信的印象。如果一个人不能在这些方面取得成就，通常是由于自己的心智没有得到自控力的正确引导，从而使其对事物的分析达不到细致入微的境地。在强大的自控力作用下，人能总结出各种不同的事物及其规律，联想起一连串事实、一大群人、一个地区的概况，甚至连自己曾经有过的快乐幻想以及许多对现实和想象的勾画也能想起。

想象力促进了宗教、工业、艺术和科学得以突飞猛进的发展，但它并不是一位不懂得谨慎思考、为所欲为的巫师。它仍然要受到人的思想中不可思议的自我引导力量的召唤、指引和控制。同样，这种引导力也容易受到影响，并在复杂的记忆中进行分割组合，向着既定的方向发展。

所以，根据这种说法，我们可以得出这样的结论，那就是自控力是可以练习和发展的。当自控力得到了练习和提高之后，我们就可以说：“我坚定而果断地运用了我的自控力！我决心坚持不懈地发挥自控力的作用！我决心明智地运用自控力并向既定目标努力！我决心使自控力的作用与理性和道德的要求相符！”

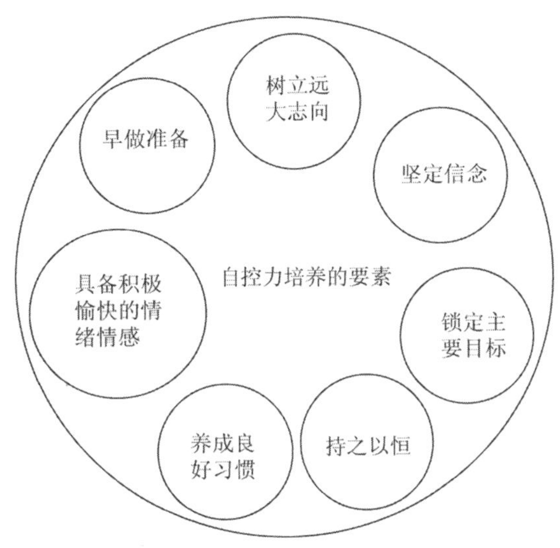

要想拥有强大的自控力，就必须经过一定的练习

有些人天生就拥有强大的自控力，但如果要想拥有合乎理性要求和正确规则的强大的自控力，就必须经过一定的练习。在很多情况下，自控力在人的生命历程中不自觉地获得符合伦理规律的良好发展。但是在生活中，“立即适应环境”的急切想法就像一位不受欢迎的严师一样时时出现。生活中的各种教训无情地嘲笑和打击着人们。如果一个已经失败的人不愿意去检讨自己的错误，那么他就永远不会进步。

我可以举一个例子。有一位校长，为人严肃，平时却很幽默，他有一个最大特点就是很少怜悯他的学生。因为他觉得，学生们只有经受磨炼才能锻炼出坚强的自控力。否则，就会像碌碌无为的傻瓜一样生活，更别指望成为一个有理性的成功人士。人生之所以有很多不幸，首先是因为他们的个人自控力没有得到自然发展，其次是没有经过后天的、有意识的科学练习从而使自控力更加成熟，自控力自然也就无法符合理性和道德的要求。

事实上，这真算是一种非常奇怪的现象，在生命中，自控力占据如此重要的地位，人们却总是任由它顺其自然地成长，很少有人意识到这一问题并加以精心培养。既然我们已经懂得了这种力量对人生意义的重要性，那为什么又对它持一种顺其自然的态度呢？为什么我们明明懂得成功寄托于个人的自控力，而平时又很少切切实实地重视它呢？为什么只有在人生的旅途中重重跌了几跤之后，在经历过痛苦的绝望之后，在一切努力成果都付诸东流之后，在疾病以各种方式破坏了大脑思维之后，才想到要练习、加强和提高自控力呢？为什么要等到已经铸成大错，要等到遭遇人生的种种痛苦与绝望之后，才想起来重视自控力的呢？

詹姆斯·泰森是澳大利亚森林中的一名土著人，临死前他还拥有价值250万美元的巨额财产，但是他藐视金钱。他对于金钱的看法是"金钱什么都不是，生带不来，死带不走。对我来说，金钱只不过是一个有趣的小游戏。"那么，他的那个小游戏是什么呢？他带着颇有感染力的语调威严回答道："与沙漠作战！这就是我的工作。我一生都在与沙漠作战，最后我赢了。我给没有水的地方引去了水，给没有牛肉的地方带去了牛肉；在没有篱笆的地方架起了篱笆，在没有道路的地方修了道路。任何力量都不可能将我所做的一切予以磨灭，在我离开人世很久以后，在人们已经忘记我的时候，仍然会有成百上千的人为这一变化而幸福地生活着。"

著名政治家福威尔·伯克斯顿的名字总是与威尔伯福斯的慈善事业联系在一起，他曾经这样说："我活的时间越长就越确信：人与人之间、强者与弱者之间、大人物与小人物之间最大的差异，就在于其自控力的大小，即压倒一切的决心。一旦树立了某个目标，就要坚持到底，奋斗到底。如果具备这样的素质，你就会在这个世界上所向无敌。否则，不管你具有多高的天赋、不管你身处什么样的环境、也不管你拥有什么样的机遇，你都无法从一个长着两条腿的动物变成一个真正意义的人。"既然这种力量如此巨大、不可抗拒，那么就势必要用同样巨大的力量来培养和磨炼我们的自控力。当你拥有强大自控力的时候，胜利就近在眼前；当你自控力衰退的时候，则必败无疑。

自控力的最高境界：既符合道德要求又力量强大

完美无缺的自控力是个人道德的良师益友。事实上，磨炼自控力需要高尚的品质和正直的道德观念。至少我们知道，不重视培养良好的道德，就不会让一个人造就强大的自控力，而如果没有高尚的道德情操，就不可能培养出完美的自控力。一种符合高尚道德要求而又力量强大的自控力，这才是自控力的最高境界。

三条人类真正的法则

1. 坚定的自控力从来就藐视“不可能”这一借口。
2. 强大而又坚定的自控力不在乎那些不可能的事情。
3. 只有在追求真理的过程中才能发现自控力的高贵之处。

拿破仑在其英勇的一生中表现出了强大而持久的自控力，华盛顿则在其政治生涯里体现了他对于符合道德要求的伟大事业的执着追求。

如果自控力脱离了理性和道德的约束，仅仅拥有强大的力量和不懈的恒心，其结果就是：只会凭着一时的勇敢、狂热和顽固的做法来实践他的主张。摩特利曾这样评价菲利普二世：“他的政策只是在管理一个王国中所有的机器而已，不管什么事情都要由他亲自管理，他竟然还在为此而感到骄傲和自豪。殊不知这一看似雄伟的目标显得那么狭隘，它体现了一种愚昧无知的思想。”上述这番话，批判的正是一种误入歧途的自控力。

如果人类肉体的君主（即自控力）不愿去严格练习自己，又怎么能要求它的下属，也就是身体的各种力量、思想和精神服从于它呢？它就如同莱顿歌声中的“艺术家”：“世间万物都归你所有，然而你必须首先体现你作为王者的风范，让全世界都听到你的旨意。你必须坚强，你必须诚实正直，高尚的品质比任何教条都更有威力。”

一位近代作家也说过一段话，他也以简洁有力的语言表达了类似的含义，他说：“与其他一些因素相比较，自控力的练习与提高对一个人的成功来说是最为重要的。在自控力的强弱和取得的成就大小之间存在着一种密切的关系，没有人能真正估算出自控力到底有多大的力量。在这个世界中，意愿是不可或缺的一部分，它让这个世界充满了创造力，历史上所有成就都是人类意愿的选择、决心与创造。不管他们是谦和的还是善斗的，是仁慈的还是残酷的，只有强大的自控力才能使威尔伯官斯、加里森·古德伊尔、赛勒斯·菲尔德、俾斯麦和格兰特这样的人不屈不挠。他们只要制订了计划就会将之付诸行动。就像太阳或潮汐那样，没有人能够阻止这些人迈出的前进步伐。很多人遭受失败，并不是由于他们缺乏良好的教育或品质，而是他们缺乏顽强的自控力和决心。”

但是，只有充满正义的意愿才能最终获得胜利。这种正义的意愿向人们表明，所有能够满足正直要求的人都能够分享这种共同的进步与益处。与之相反，如果在运用自控力时完全不顾别人的利益，用无情的鞋践踏前进路上的每个事物，那么他将最终走向悬崖、坠入深渊。

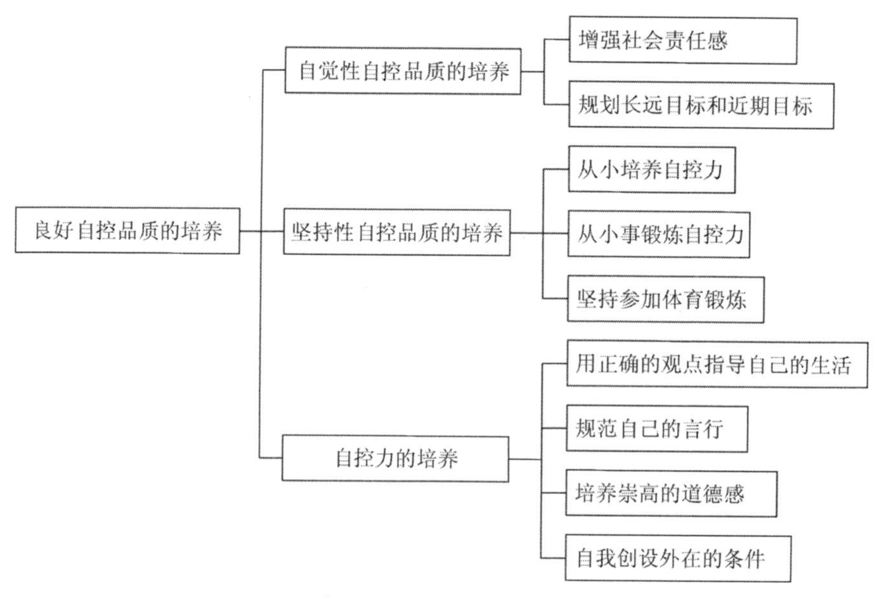

培养良好自控品质的通俗思路

第三章　自控力的形态及要素制约

自强不息的自控力可以战胜困难，
摧毁艰险，
就像冬天里玩耍的小男孩，
兴奋地踩踏着严寒冰冻的土地却不知疲倦，
渴望冒险的冲动点亮了他的眼睛，
头脑中刮起的坚定骄傲的风暴，
驱使他勇敢地走向未知。
自控力使平凡人变得伟大。

从某种意义上说，世界上的每个人与生俱来就具备成就非凡业绩的素质，每个人都是如此。不只是那些天资聪颖、才华横溢的人，也不只是那些敏捷伶俐、遇事沉着的人，能够成就事业；那些木讷寡言、不善圆通的人，甚至那些资质鲁钝、反应迟缓的人，也能成就事业。

——格莱斯顿

自控力的7种形态

在现实生活中，人们所表现出来的自控力的形态是多种多样的，每一种自控力都充满了对成功的渴望。

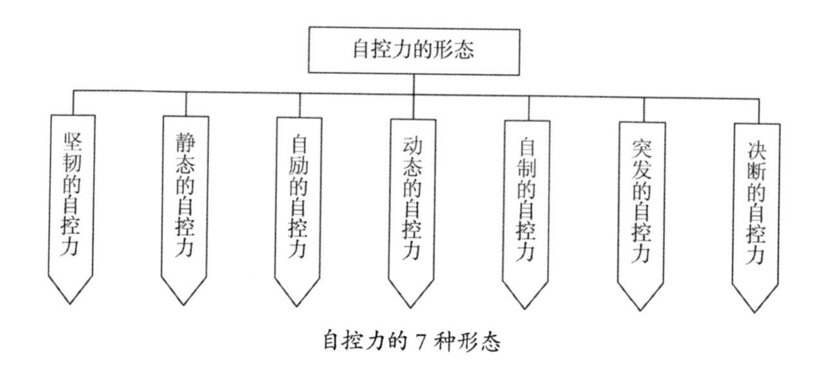

自控力的 7 种形态

静态的自控力，或称积蓄起来的自控力，是人类力量之源。如同热量、阳光和生命都源于太阳一样，这种核心力量产生了各种各样的愿望和要求，它们都通过动态的自控力表现出来。

突发的自控力是大脑迅速支配所有力量的源泉。全部精神都集中于某一紧急的事情上，所有的意愿围绕着这件事情，并为之服务，由此而产生的力量简直无所不能。

坚韧的自控力需要有坚强的忍耐力，克服暂时的困难。有些人本来可能取得非常伟大的成就，可他有一个致命的弱点，那就是在适当的时候缺乏忍耐力而没有取得最后的胜利。从他对生活中某些事件的反应我们可以看出这一点。“该做的事情都已经做了，最后只剩下忍耐。”这条格言成了许多关键时刻成败与否的经验总结。关于自控力在这个阶段的作用，还是那句老话说得好：“坚持就是胜利。”但是，这句话并没有包含所有成功的要素，要想取得最终的胜利，不仅要坚持，还要在一个目标上坚持下去，这样才能取得最后的胜利。

执着的精神需要自控力的自我激励。自我激励的自控力是生命之舟的舵手，它指引人生这艘小船勇往直前，不管前面风平浪静还是波涛汹涌，它都一直向前行驶，直至最终抵达目的地。

一个人，在坚持这种勇往直前、坚定不移的努力数年时间后，就可以应用自如地驾驭自己的自控力，从而实现普通人无法做到的事情。

尽管自控力有这么多的益处，但它需要坚忍不拔的精神和对之加以很好的控制。这样说似乎与自控力的本意自相矛盾，但事实上并不矛盾。发动机如果不加以控制，最终它不仅会变成一堆废铁，而且还会把其他机器零件全都毁掉。而想达到最快奔跑速度，也必须经过严格的练习和学习一定的技巧才能达到。同样，无论对什么人来说，让人向前的动力、催人奋进的冲力、使人坚强的自控力也必须有所节制。能否对其自控力加以克制，关系着一个人最终是否能够取得成功。这就是所说的自我控制的自控力。

在很多情况下，自控力要发挥作用就得拒绝各种诱惑。甚至有些时候为了做出新的决策，实现一个更加切合实际的目标，需要终止所有正在进行的活动向后转并退步。所以在人的一生当中，往往需要迅速做出决断，需要在出现紧急情况后，集中所有的资源和力量，应对各种困难和障碍。这就是决断的自控力。

上面提到了自控力的几种形式，它们在行为处事中很多时候都需要运用——不管这些事情是司空见惯的，还是不同凡响的。任何一个明白事理的人都会懂得，没有一种心理力量会像自控力这样能够为打算行动的人提供如此强大的动力。

比如，一个自控力坚强的人说——“我一定要赢”。过了一段时间之后，他的这句话融入空气当中，飘散在风里，传遍四面八方，出现在夜晚的星空，闪烁在耀眼的阳光下，随小河流淌，伴着海洋歌唱，在静谧的深夜的睡梦中呢喃，在白天喧嚣地的闹市里吟唱，自控力最终包围了他的整个身心。

在心理上，他已经具备了成功的本能。走路的时候，他再也不像瞎子一样没有自己明确的目标。他的信仰更加坚定，他用自己敏锐的双眼审视着所有正在发生的事情。如果良知和道德感认可了他的目标，那么，无论经历多少艰难险阻，他最终一定会实现自己的目标。

像猎犬一样咬定目标

很多人之所以失败，是因为他们没有坚定不移的目标。欲望将生命的本质给遮掩住了，他们所拥有的东西，只是暂时的，很多人的成就仅仅是因为幸运。因此，对于人的一生来说，拥有一个确定的目标很重要。我们可以看到，不管走到哪里，有目标都会使一般的小人物变成管理者，使管理者变成领导者，使穷人脱离贫穷与困苦，使中产阶级变成大富豪，使对社会没用的人变成对社会有用的人，使对社会有用的人变成很重要的人。

一个目标要比多个目标好。这就如同一场赌博。只要他全心全意地专注于自己唯一的目标，翻开自己手中所有的牌，就有可能变成富翁。当然，这个比喻可能不是很恰当。但是我们知道，一个人下定决心为了实现一个目标，那么他通常会对事物的所有细节都非常了解，对与这个目标相关的所有东西无所不知。这样，任何事情都无法阻挡他前行的脚步，甚至整个世界都会臣服在他的脚下。

人们都知道，为了满足生活的需要应该适当调整自己。但是，很少有人意识到另外一条更伟大的法则，即为了生活人们总是拼命地试图调整自己以满足个人的需要。面对生活，人们只需要保持适度的尊严，选择一个适合于自己的唯一目标，并全身心地投入到实现这一目标的工作中去。这种聚精会神具有神奇的魔力，它能使所有的事物臣服在它的威严之下。

命运总是青睐那些拥有一些目标的人，而拥有一个目标的人则拥有必胜的信心。

拥有一些目标的人可能会成就他的事业。有的时候，他们确实能够取得非常不错的成绩。而拥有单一目标并坚定不移的人，一定会使事物在本身固有的特性引导下呈现出本来面目，他的期望一定不会落空，他一定会实现自己的梦想。

当然，生活不会满足拥有目标者的所有愿望。我们经常会见到这样的情况，即一个绝顶聪明的人却因为见异思迁而功亏一篑。但是无论何时，命运永远不会辜负一个全力以赴、坚持不懈地为一个目标而努力工作的人。

从长远角度讲，人们生活中的成败得失往往是各得其所。反对这种看法的人却看不到这一点，但是，很多时候，很多事实都在明确地验证这条真理。持有相反看法的人认为，他应该得到他所希望的。

因此，在漫漫人生路上，自我肯定才是非常重要的。也许与其他人相比，每个人在天资方面都有别人不具备的优点和长处。坚强执着的自控力能够发现潜藏在人身上与众不同的优点，并把它开发出来，使之成为创造事业的动力和源泉。

如果天才被埋没，那么他只能是“愚人的金子”。先要弄清楚一件事情，弄清最终的目标到底是什么，之后天赋就会像接到上天的旨意一样逐渐显现出来。

当自控力四处游荡试图寻找唯一目标的时候，也许会在刹那间看到它的力量，但是一旦找到目标，自控力就会改变方向去寻找实现它的方法，并逐步揭示其本质。

英国首相威廉·皮特仿佛与生俱来就具有明确的目标。一位作家这样评价这位杰出的英国人：“从孩提时起，他就强烈地意识到，为不辜负自己久负盛名的父亲，自己一定要成就一番伟大的事业。这个想法是他从小就已经意识到的。”

据说，格兰特将军的母亲把他叫作“没用的格兰特”。但格兰特将军在当鞋匠时发现了自己的才华，而在此之前他一直都在三心二意地以补鞋打发时间。他修鞋的技术实在高明，甚至有些老手都比不上他。在美国内战爆发时，他幸运地发现了自己生命的价值和意义，他发现自己热爱战争中的工作，他能全身心地投入所有细枝末节的工作和大规模的宣传活动中，他终于找到了施展自控力的大好时机。林肯总统说："格兰特的伟大之处是一定要实现自己的目标，并且十分冷静和执着。他沉稳、自律、不多愁善感。他就像一只顽强的猎犬，一旦把什么东西塞到嘴里，就紧紧地咬住，无论什么事情都不能使之松口。"

敬畏之心

执迷往往被人们用来评价某个人的个性特征。生活需要人们具有某些想法和目标，这一点显而易见。而人为什么应该执迷于一个目标呢？这个问题涉及人类繁衍和生存的整个哲学。尼禄执迷于一个目标，结果罗马城几乎毁于一旦。亚历山大大帝也是意愿坚强并执着追求某个目标的人，结果他死于狂欢作乐。执迷能导致自私、犯罪、屠杀、无政府主义和大规模的战争，甚至使整个文明社会陷入一片无可挽救的灾难和混乱之中。执迷使加菲尔德总统被暗杀，使西班牙面临毁灭性的灾难，由于对现行制度的极端不满而使欧洲面临陷入革命狂潮的危险之中，整个欧洲文明的成果几乎被野蛮和暴力所毁灭。所以执迷既能使人想到天堂般的幸福和完美，也能使人想到地狱般的恐怖和冷酷。

所以说，只有在道德力的约束之下，自控力才能达到至高无上的境界，并且道德的保护是唯一能够使自控力升华的因素。品德是对一个优秀的、符合道德标准的人士品格的概括，自控力的第三个制约因素就是品德，也就是正当的目的。

如果自控力具有正当的目的，那么它可以塑造一个人的人格。正确自控力会促使品格产生最崇高的目标。而品格受到崇高目标的鼓舞，也会产生正确的自控力。

人、理想和自控力三者之间的关系是相互依存、互相促进的。如果没有最好的想法和目的，那么始终坚持一个目标的合理性必然是不充分的。生活本来就带有道德含义，只有当目标符合最终的道德标准时，生活中的动机、手段和结果才是合理和正当的。因而，一个人所具备的自控力才能最好地予以解释，虽然自控力时常在其他地方显露出来。

人是唯一具有自控力的高级动物，除了人以外的任何动物的意愿都是本能的，属于条件反射。人的自控力则不然，在道德的自我完善中，自控力的合理性也得以进一步增强，在道德与力量和谐的状态下，自控力使人的行为变得更加理智。

不正确地发挥与运用自控力，可能会引发巨大灾难。例如，突然爆发的自控力会让人丧命。坚韧的自控力可能表现为顽固不化或者整个民族的罪行。自我激励的自控力有时会表现为极端的草率。自我控制的自控力在某些时候可能表现为愚钝迂腐。决断的自控力也可能表现为有勇无谋。人为造成的愚蠢、疯狂、野蛮、顽固、迟钝等都是由于反常的自控力的不良影响的结果。如果自控力失去了双手对它的强而有力的控制，那么它将给人们造成无尽的痛苦和折磨，甚至带来悲剧性的后果和可怕的结局。

也许有人会问："执着于一个目标的意义是什么呢？"我们可以列举出苏格拉底、释迦牟尼、查理曼大帝、阿尔弗雷德大帝、奥兰治的名字，他们都是矢志不渝的典范。然而，另外一些名字，如卡里古拉、美迪奇、卢克里恰、菲利普二世等等也许会令人不解，由于他们执着于他们的目标而给人类带来很大的负面影响。如果人们接着问："执着于正直目标的价值又是什么呢？"我们不禁会想到伟大的英雄和他们的不朽业绩，他们给人类带来了积极的影响。

但是，道德目的并不是技术高超的魔术师。为了达到最终目的而一心成就善举的自控力，其实只不过是自我引导的理智附加给人的力量。就像道德始终贯穿于人的一生一样，如果要想自控力具有力量，需要经过长期的练习，使一个人具备敏锐的洞察力——能够认清事物的本质，尤其是正当的事物，需要变得更加善于思考，要对邪恶敏感和排斥、对善行宽宏大度，要具备丰富的想象力，要对品格、成就、理性和事物本身满怀热情，能够积极向上、练习有方并懂得分析和推理，善于激发、利用和把握真理，胸怀要宽广，要有道德感，要不断地汲取丰富的营养来滋润自控力。换句话说，最好的自控力就是符合道德的自控力，它需要人们不断对其本身进行深思熟虑，对计划、手段、方式及其结果进行严肃而认真的考虑。

人的一生要想取得成功，就要忠实于某一目标。如果把坚持某一目标变成人生的准则，你的心灵就会得到升华。一位大银行的总裁说："成功的第一点就是要有敬畏之心。"

不经过奋斗，天才也不会成功

自控力需要逐渐积累，力量是积极组合在一起的原子。坚强的自控力贪婪无比，它会将所有东西不加区别地吞噬掉。在雄伟的山脉中，卵石不一定比巨石少。同样，一个人需要坚持不懈地把琐屑的小事做好，直至小事逐渐累积变为重要的大事，否则他就面临着失败。不辞劳苦、年复一年日复一日地工作才是成功的关键。

任何一家工厂的门口，任何一家商店橱窗的陈设，都是辛勤劳作的结果。若一部著作没有经过长期的苦心经营，那么这本书就不值得一读。在贫寒的困境中，在你辛苦劳作之后，灵感突然悄悄地到来了。我们前辈留下来的精美艺术品都是经过勤奋工作、付出辛勤汗水而获得的，是用痛苦和悲伤换来的无价之宝。当约伯发现自己的腿关节完全脱臼时，他毫不在意，仍然大喊："我绝对不会让你走，只有这样天使才会停止反抗，命运才会低头。"

有一位英国主教说得很好，他说："所有产生了圆满成果的工作，大多都是辛苦工作的结果。"这一真理被伟大的诗人、散文家和艺术家一次又一次地证实。艾德蒙·伯克每次在演说前进行大量烦琐而艰苦的准备，麦克利的《历史》一书进行了无数次的修改和润色，德国的第一位皇帝干起活来从不知疲倦。事实上，从整个世界来看，有很高天赋并锲而不舍的人几乎没有什么事情做不到，同样天才不经过奋斗也不会取得成就。

天文学家开普勒在研究天文的过程中，经历了普通人难以想象的艰辛。

在计算火星对面的星球时，他写了满满20页的数字，反复地计算过10多次，如此计算这7颗星球需要使用700页纸。后来有人说：“开普勒是通过最深奥、最辛苦的研究而从自然界中发现了秘密。”

海顿对自己艺术的执着追求，使他成为享誉乐坛的“交响乐之父”。他的作曲并不是随意或是凭着突发的灵感而做出的，而是每天在固定的时间一点点坚持不断地写下去。这种坚持再加上他在作曲时极端的细致，使他在音乐史中的地位仅次于莫扎特。而莫扎特的音乐才能虽然是与生俱来的，但艰苦而勤奋的作曲对他来说从来都不是稀罕事。

永不放弃

勤勉的工作需要耐心和坚忍不拔的毅力。期待成功、渴望实现理想和目标，并付出辛勤的汗水，这些都是辛辛苦苦工作的必要因素。这句话通常可以分成若干个词：坚强、忍耐和期望。这些词就像花一样五颜六色，变化多端。如果再拥有耐心就有了圣人的过人之处，耐心也是建设一个工厂或者一个国家中关乎成功的重要因素。

戴维曾经这样说道：“所谓天才就是耐力。我是经过自己艰辛工作、刻苦忍耐才取得今天的成就的。”格兰特同样非常有耐心，“一旦紧紧地被他咬住，就别想让他松口”。无论对一个人还是对一个国家，连续不断的、毫不松懈的自控力是取得成功的首要原则。永不放弃的理想和目标预示未来的成就。

“戴着王冠的国王”（自控力）并不是顽固不化、一成不变的，理智最终会战胜惰性。法国哲学家汤姆·李伯特说：“拥有明确目标的人，他的自控力也势必是顽强的，不管他的目标是什么。如果环境发生变化，手段和方式也要发生变化，为了适应新的环境和条件，就必须进行调整。但是，中心任务并没有改变，一切行为和活动都围绕着这个中心任务。这个中心任务目标是否坚定，表明这个人的个性是否持久和坚韧。”

一切最终取得的圆满结局都要归功于这些人合乎情理的不屈不挠。卡莱尔在评价克伦威尔时说："他眼光敏锐，聪明勇敢，他一定会不断前进，从一个角色到另一个角色，从一次胜利到又一次胜利，直到这位来自亨廷顿的农民被人们认为是英国最强大的人。他目前与当初的境况真是有着天壤之别，但其原因并不足为奇。因为，不管是当初当鞋匠，还是现在作为执政者，像他这样的人永远都代表勇敢、主宰、权威；或者更进一步说，他是个最强有力的人。"这种灵活地适应情况的变化、同时始终保持核心目标的能力，使英国在克伦威尔的领导下变成当时欧洲的头号强国。

威廉·马修斯曾说："为了兰登那块洒满鲜血的领土，那个'患着哮喘的骷髅'（威廉三世）拿起武器奋起抵抗，他最终胜利了。"在没有进行一次像样战争的情况下，他摧毁了对手（路易十四）的权威，耗尽了他的智慧和资源，直至最终打败对手。而之所以取得这样的胜利，就是因为威廉三世具有英国人特有的坚韧不拔和顽强固执。在拿破仑对外征服时期，也发生过同样的情形，当欧洲大陆所有庞大的军事力量都被摧毁，并不得不受制于这个"受命运青睐的幸运儿"，不得不受拿破仑铁蹄践踏时，英国人凭着自己顽强的自控力和忍耐精神终于使他无计可施、甘拜下风。英国人能战胜拿破仑，并不在于他们的军事部署有多么高明和军事指挥有多么出色，而在于他们有一位杰出的军事奇才，而且他还表现了自己战斗到底的顽强自控力。

同样，在美国历史上，也正是由于不屈不挠地坚持斗争，才使康华利将军最终不得不向华盛顿缴械投降，并与李将军会面议和。李将军也是一位伟人，这位战士英勇无比，卓越不凡。

由于这些人有坚韧的自控力，失败只不过是理智的又一种光芒，而困难则是激发其品格刚毅的动力，失败不能击垮他们，反而只能把他们全身的勇气激发出来。

克拉伦登公爵与菲尔德谈到正在筹划中的大西洋电缆时问："如果你不能成功呢？如果你努力去尝试，结果失败了，你的电缆统统葬身海底，你怎么办呢？"菲尔德回答道："把它归到资产损益表下面，然后去工作，再铺设第二条。"由此可见，一个拥有钢铁般自控力的人永远不会因受到任何阻力而有所妥协。

历史上的人物，也许再也没有像奥兰治·威廉那样能够充分说明意愿对成功的伟大作用了。荷兰女王的家庭成员个个都是出类拔萃的，这很大程度上应该归功于威廉。莫特利写道：“在战士的伟大品格中，在灾难中仍保持信念地、忠实地执行自己的义务，面对失败还能充满对将来的希望——谁都没有像奥兰治·威廉那样显著地表现出这些个性特征。除了他弟弟路易之外，他再也没有其他英勇善战、经验丰富的副手，尤其是在主将阵亡之后，根本就没有任何能够称得上将军的人。即使是这样，在与阿尔瓦·里奎森以及与奥地利的唐·约洽和亚历山大·法尔内塞的战斗中，威廉还是大获全胜，而这些人在世界战争史上都不是一般的小人物。这些事实本身就足以证明，威廉本人具有与战争本身一样气势磅礴的能力。”这些人功勋卓著、举世闻名，但是他们和普通人一样具有最普遍的人性。他们是有头脑的人，得到了自控力的暗中支持。

每一个希望实现自己最终目标的普通人，只要具备了自控力这一至高无上的力量，就会无所不能。

不向惰性和妥协投降

人的一生中是否能够成就事业，关键要看自控力的性质和力量，这一点比其他任何因素都重要。总是喊着“给我机会、给我机会”的人本质上是脆弱的，甚至是不堪一击的，因为在自控力面前机会多得不胜枚举。可以说，平庸和默默无闻都是自己造成的，只能怪自己无能。

格莱斯顿对平凡的人抱有极高的期望。他写道：“从某种意义上说，世界上的每个人生来就具备成就非凡业绩的素质，每个人都是如此。那些天资聪颖、才华横溢、聪明伶俐、沉着冷静的人能够成就事业，那些寡言少语、不善圆通的人，甚至那些资质鲁钝、反应迟钝的人也同样能成就事业。”

受过教育的每一位正常人心里都明白，在人的一生中，只要采取适当的行为就可能使自己成为一个非常了不起的人物，至少可以赢得某种程度的成功。但是，放松和懒惰是事物的自然法则，人们通常会逐渐地受制于这条法则，慢慢地磨平自己的棱角，变得胸无大志、随波逐流。他变得懒散，再也无法受到心中高尚目标的激励，再也无法发愤图强实现自己的梦想。所以，在这种情况下，正是自控力一刻不停地发挥作用的时候。

培养自控力应该是这样：不断地向自己证明，期望做到的事情自己一定能够做到，一次一次向自己保证能够顺利地完成很多事情。当然，没有一种自控力能够使人完成不可能实现的梦想……这里的“你期望做到的事情”，是指符合你的智力或生活境况的、与你的雄心和抱负相当的事情。不要为自己制定不可能实现的目标，一旦目标确立，战斗就已经打响了一半。毫无理智地一味地蛮干，最终的结局是可想而知的。如果没有适当的收敛和谨慎，甚至会威胁到世界和平。所以，首先要做的事情就是做出正确的选择，然后才是勇敢地向前迈步。

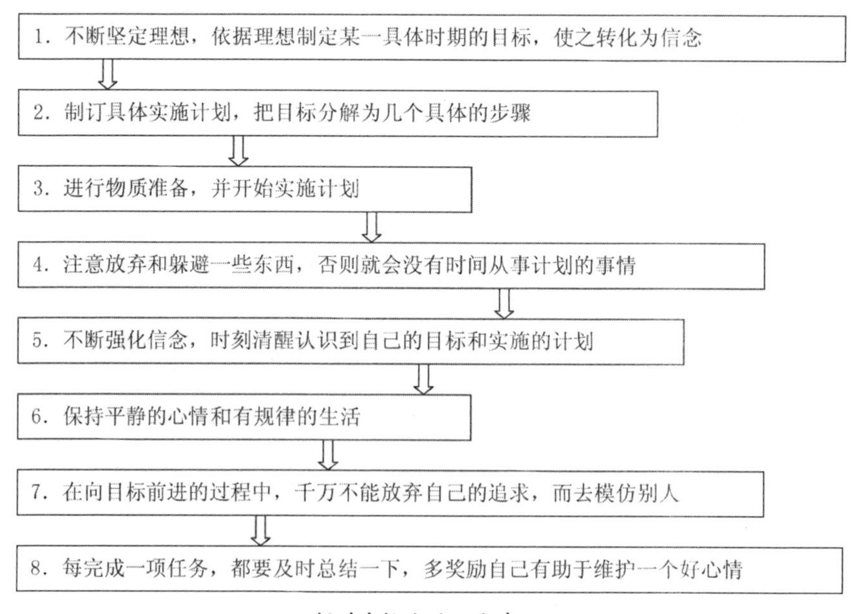

提升自控力的8个步骤

第四章　常见自控力疾病与自我治疗

自控力即便一开始发生动摇，

最终还是会坚定下来；

即便一开始变来变去，

最终还是会变得持久；

即便一开始微弱，

最后也会变得强大而执着。

自控力通过后天的练习和培养是能够增强的。

在治疗的时候，病人一定要满怀康复的意愿，他应该积极主动地调出全部的身心优势来打赢这场仗，因为这种消极的疾患不仅会损伤身体、浪费生命力，也会削弱意愿和精神的力量。重视身体的同时也要呵护你的灵魂。

——索尔兹伯里博士

自控力患病时的常见特征

由于大脑患病而引发自控力疾病，其表现为精神失常。可以这样说，在所有偏离正常标准的精神病病例中，自控力总会或多或少地受到影响。一个人长期严重偏离正常的思维标准、感情和行为，就是我们通常所说的精神失常。这里所说的标准是指个人行为的标准。个人的思维方式和情感决定了自控力的发挥状况。一般来讲，精神失常通常从另一方面衬托出正常大脑思维应该表现出来的状况，精神失常是与精神平常状态背道而驰的。在精神失常的情况下，从表面上来看，意愿还能对头脑施加某种影响，表现出某种愿望，但由于它受到实际的生理状态或者错误倾向的控制，意愿以及自控力已经在很大程度上被减弱。此时自控力这位“国王”会被其他东西从王位上赶下来。对因教育问题而不是精神问题诱发的自控力疾病来说，国王作为统治者还留在原来的位置，只是这个国王变得无能了，如果以一般人的行为准则来衡量这个国王的话，他的做法看来简直不可理喻。

大脑思维偏离正常轨道导致的自控力疾病有一些典型状况，主要表现为自控力的瘫痪，而所有的其他机能都完好无损。在这种状态下，也许原本合乎意愿、有条不紊的行动会由于一阵突然爆发的感情（比如恐惧、愤怒或者快乐）而陷入瘫痪，而不受自控力的支配。在短时间内，这种做法也许能使人感到一种前所未有的释放或者进入奇怪的梦幻世界，但是如果时间一长，就会偏离理性的轨道。很多人都有过类似的奇怪经历，那就是自己明明知道应该怎样做，但是不知为什么，当时却怎么也找不出适当的理由说服自己应该这样做。这种瘫痪表现可能是暂时的，也可能持续很久。甚至在一个人一生之中始终都有这种表现。如果是属于后一种情况，例如一个人两个小时都无法把自己的外衣脱掉，或者怎么也喝不下一杯水，那他就需要进行治疗。

在大脑发育不良的情况下，一旦遇到这样的困难，不管是因为生理方面的问题，还是仅仅出于对自己没有能力完成某件事情的心理暗示，其结果都是一样的。在这段时间内，自控力消亡了，发出指令的大脑处于停滞状态，它不能如愿以偿地按照某个特定的意愿行事。显然，情感、欲望、思维、判断、良知等等并非具有永远支配意愿行为的力量。大脑发出意愿的行为，就像大脑进行想象、回忆、推理或者区分是非的行为一样，有时难以理喻。例如，在一个冬天的早晨，当你犹犹豫豫要不要起床的时候，突然发现自己原来已经站在地上了，你可能会觉得奇怪自己是怎么起床的呢？其实就是在这个犹豫不决的时刻，头脑对意愿的指令处于停滞阶段。

自控力疾病的常见病因

意愿是一种心理状态。大脑发育不良会使意愿或者与正确的方向截然相反，或是变得软弱。自控力到底能不能正常地发挥作用，取决于我们在本书中已经谈过的许多因素。就整个大脑而言，按照由强到弱的程度，可以将意愿分为三个等级：愿望、明确的目标和坚定的决心。脆弱的意愿只能是心里边有那样一个想法，而有明确目标的意愿则会想到具体的步骤，并且只有决心坚定不移才能义无反顾地实现自己的意愿。意愿本身不会希望什么，期望是大脑的行为。正如有人所说的："说我想吃肉，或者说我希望摆脱痛苦的煎熬，这样的句式都是正确的；但是，如果说意愿吃肉或者意愿摆脱痛苦的煎熬，这样的句式则是不正确的。"

脆弱的意愿就是自控力脆弱的表现。坚强的意愿表现出产生愿望时的精神力量是积极向上的。坚定不移的愿望是强烈意愿的继续和延伸。它们之间的相互关系一般表现为：当单纯的欲望占据了大脑的主导地位时，在发挥自控力的时候，大脑的作用就可能很脆弱无力、犹豫不决。当大脑决定以某种东西为自己的目标时，自控力开始变得强大。这时，身体就会在强大的自控力作用下，使自己继续服从意愿的支配，即使目标看起来非常遥远而渺茫。我们可以用这一点来衡量自控力的强弱。

本章所讨论的自控力疾病，可以简单地将其分成两类：一种是由于处于某种不适宜的环境下，脱离了自控力的引导和制约；另外一种是由于大脑的感知、联想、推理分析的能力与道德准则格格不入时，现实对人的影响力已经大大超过了自控力可以控制的范围。因为在做出选择时的一个最重要的因素就是一个人的个性特征，这些特征使他与同类中的其他个体相区别；此外，选择时的另外一个因素是他对未来的希望，许多人会因自己的理想而或多或少地改变自己的个性。

自控力是个人情感的普通模式，或者说是人的机体的普通行为。一般来讲，它是最关键的动力。如果没有情感等这些因素的影响，一个人根本不可能控制自己的自控力。正是因为这种基本状况因人而异，要么稳定，要么变化多端，要么持久，要么短暂，要么强大，要么微弱，所以我们才能够区分自控力，例如，强大的自控力、微弱的自控力和中等的自控力，三者之间在程度上有所不同。但是，在这里，我们必须重申一下，这些差异是由于每个人的个性使然，是由他独特的天赋和气质所造成的。正是由于这种与众不同的天赋和气质而导致了基本状况的差异。当然，通过后天的教育也可以使这些素质发生改变。所以，自控力即便一开始发生动摇，最终还是会坚定下来；即便一开始变来变去，最终还是会变得持久；即便一开始微弱，最后也会变得强大而执着。也就是说，自控力通过后天的练习和培养是能够增强的，这也是作者写作本书的前提。

美好的意愿可能会马上实现，也可能不会马上实现，这取决于一个人的智力水平，以及对自己智慧的把握情况。但是，一旦智慧开始积极地施加影响，那么自控力就可以牢牢地掌握手中的事情。

最高级别的自控力能够表现为无所不能的、无法抑制的激情，它控制着一个人的所有思想。所谓激情就是在心理情绪方面所表达出来的人的素质、品性。我们可以从一些历史人物身上看到这种典型的例子，他们用伟大的激情和自控力推动了历史的进程，例如恺撒、米开朗琪罗、拿破仑等等。上面所说的是最高级别的自控力，即个人内心的意愿与外在行为和谐融洽。对次一级的自控力而言，这种和谐被种种彼此矛盾的倾向打破，尽管每一种倾向都在起作用，但是有些却与实现核心目标相背离。那些阻碍目标实现的倾向，使人脱离了通往正大光明的主干道。人们称弗朗西斯·培根为“最伟大、最有智慧和最卑鄙的人”，因为他背离了高尚行为的基本准则。达·芬奇在追求艺术过程中，凭着自己的性子来发挥自己创造性的天才，他常常是一个作品还没有完成，就又产生了新的想法，把精力又转向另一个作品。结果，他只创造了一件经典艺术作品。

第三级自控力是指一个人的行为被两个或三个目标交替影响，每一个目标都不能持久地处于主导地位，几种思想交替控制着一个人的定位和取向。例如，19世纪英国著名小说家吉杰尔博士的心理就呈现出两面性，每一面的自控力在一定范围内都是顽固不化的，但是每一面都无法与另一面达成和谐。这些互相作用的自控力之间冲突程度越严重，整个自控力的削弱也就越严重，其结果就可能表现出精神失常者的种种病症。

11种常见自控力疾病与自我治疗

在这一部分里，我们并不是要对行为中所表现出来的思想进行讨论，而是要讨论思想通过意愿表现出来的行为，至于其影响是正面的还是负面的，是高明的还是愚蠢的，则不是我们所要讨论的。不过，这种自控力到底是敏捷还是迟缓，是强壮还是虚弱，是持久还是短暂则是目前我们所关心的问题。

我们所要讨论的自控力疾病可以限定为两种具体形式：缺乏力量和缺乏持久性。这两种形式又表现在一些具体的事例中，下面就举一些常见的例子加以说明。

1. 缺少激情

指大脑处于难以实现自己意愿的状况，例如，一个人无论如何也不能把自己的大衣脱掉或者想入非非等等，大脑的一切活动都高度集中在自己臆想的境界里，在这种情况下，思绪无论如何也无法从臆想的状态中转移出来，从而回到现实世界中。

治疗方法：对患有精神失常症状的病人进行专门治疗。如果表现为白日梦、狂喜等症状，可以通过保持健康、充实生活给以积极治疗。而对于那些意愿处于停滞状态的人，唯一的治疗方法就是安排好具体的日常生活，有意识地去实现每个计划。

2. 优柔寡断

有些人对某种处境永远都无法形成自己的明确观点。他们看不到关键的细节；他们不知道该如何揣测别人行动背后的动机；他们不能预测未来可能发生的情况；缺乏应对困难的勇气；他们的想法总是充满悲观色彩，很少想到可能出现的好处。所以他们永远不能或者很少能够做出明确的决断。他们随波逐流、人云亦云，他们的行为不受决心的引导而总是凭一时的冲动；平时他们做事由着自己的性子来，而当危机来临的时候却一筹莫展。

治疗方法：无论眼前所从事的工作有什么利弊之处，都要养成专心于手头工作的习惯。锻炼自己的自控力，不管何时都乐观地看待问题，考虑其积极发展的一面。

在遇到需要立即做出决定的紧急时刻，有时人们虽然知道自己的决策可能并不是十分完美，自己心中也存在种种疑虑，但是我们必须明白，无论如何要做出决定。这个时候需要集中自己所有的智慧，迅速地权衡利弊，只有这样，人们在做出决定以后才会觉得，这个决定是自己当时能够做出的最好决定，当时自己的行为也是最无懈可击的行为。在人的一生当中，有很多重要的决策都属于这种情况。特别要记住一点：请求别人来帮助自己做决定不仅毫无益处，而且还有可能使事情变得更糟。在危难时刻，人最好还是凭借自己的勇气、自己的智慧来解决问题。

3.缺乏自控力

在我们的生活中失败的例子数不胜数，而且很多情况都是由于缺乏自控力而引起的。在生活中我们会经常见到因缺乏感情、欲望、想象力、记忆力或者推理能力而造成自控力削弱的情况，但精力旺盛的人通常不会犯这样的错误。有位作家曾在书中对无处不在的疾病进行过极为经典的描述，他在描述柯尔律治时写道："世界上也许再也找不到像他这样天资这么高而成就这么少的人了，这可真是辜负了上天赋予他的才华，他最大的缺陷就是缺乏自控力。由于缺乏自控力，所以他不能把自己的才能充分发挥出来，从而取得成就。虽然他头脑中不时涌现出各种各样伟大的计划和蓝图，可是他从来没有认真地考虑它们中的任何一项计划并付诸实践。即使有好心人的劝告或者自己内心也曾想过，应该来完成某件事情，但其最终结局是，他总能为自己不去做这件事找到充分的理由。"德·克西是位大名鼎鼎的鸦片吸食者，他在《忏悔书》中写道："我很少能够控制得了自己的懒惰习性，我无法坐下来给那些给我来信的人回一封信，给他们一个答复或者写几行字，这本是我力所能及的事情。但是，事实往往是这封信在我的书桌上放了几个星期，甚至几个月，我连一个字也没有写。"

柯尔律治和德·克西两人都是由于缺乏自控力而没有取得任何成就。生活中这样的例子到处都有，虽然有时并不像上面举的例子那样极端。这种疾病往往导致很多人潦倒一生。

治疗方法：精神方面应当培养一种专注的态度——我一定要做到！这种精神状态应该一直在意识中不断提醒自己，全力以赴消灭掉缺乏自控力这个首要敌人。

4. 浮躁的意志

在这种情况下，一个人往往也很顽强，能够出色地去做他手中的事情，但是他努力的方向却永远都是在变动的。在某些行为当中，他往往表现出专一和执着，但是这些行为往往是迫不得已的，或者是习惯性的，实际上并不是自控力作用的结果。还有一些人，他们甚至没有表现出丝毫耐心、能够坐下来勤勤恳恳地工作一段时间，而总是从一种想法变到另一种想法，不管这些想法是重大的计划还是偶然的小事，就像鸟儿从一棵树飞到另一棵树上一样，他们在自己的一生中从来没有固定的、始终如一的目标。对这种人而言，自控力往往因为一次又一次的突发奇想而荡然无存。

治疗方法：在开始决定时要谨慎，一旦决定，对于自己所选择的事业就要坚持下去，一直坚持到最后。见异思迁的人应该学会一次只做一件事情，这并不是说要放弃除此之外的其他任何事情，而是说没有经过深思熟虑就不要轻易去做一件事，而一旦选择了某件事情，就一定要为它投入全部的热情和精力，专心致志地把它坚持到底。把每一个打算放弃当前事情的理由，坚决地转换为坚持下去的理由。在赚钱谋生的过程中，要时刻提醒自己不要忘记把自己所做的任何事情坚持到底。

5. 缺乏持久的耐力

自控力的这种缺陷与见异思迁是有区别的。缺乏耐力的自控力往往会由于一点偶然的原因就放弃眼前的工作。缺乏执着的精神，是由于自控力在某些方面似乎已经枯竭。它就像肌肉由于过度疲劳而无法激发自己兴致勃勃地采取行动。一个很久以来就打算实现的愿望被大脑拒绝了，全身的机能无法调动起来。“对于这件事情我已经厌倦了”或者“我无法继续下去了”，是它最典型的表现。当决心动摇时，自控力也就枯竭了。

治疗方法：务必要有意识地克服这种短暂的、间断性的厌倦感，时刻保持警惕；对于目前大脑的疲倦状态要耐心地等待；积极激发自己对于某件事情的兴趣，比如做一些能够转移注意力的活动，以减轻这种暂时性的对工作的厌烦感。“我厌倦了”，只表明暂时失去了对它的兴趣。短暂的热度消失了，但是一种新的看法或者处理事情的态度，自然会激发你对工作的兴趣。所以，你应该尽量寻找一切能够使你重新全身心地投入工作的新动机，使你的自控力重新发挥作用，如果做到这一点，那么你一定会坚持下去。这种治疗办法屡试不爽，但是这种方法不是轻而易举就能学会的。

6. 暴怒

任何突然爆发的意愿都代表一种不冷静的失衡。精力的突然释放可能表现为怒气冲冲、草率鲁莽、强烈愿望像火山一样突然爆发，它显示了神经系统的超负荷运转和失控。对某些人来说，力量总是意味着一种突然变化的心理状态。意愿突然间排山倒海地涌向自己的决定，那气势就像动物抓到自己的猎物一样，或者是鲁莽草率地急于行动，就像决堤之后湍急的水流从里边涌出来一样。在紧急情况下，确实需要意愿突然爆发，但是这样的情况是非常少的。如果这种突然爆发的意愿是一个人的典型个性，那么无疑这个人的自控力实在是太差了。真正的自控力是一个有理性的控制者，它永远不会被任何繁杂的事情或任何外在的东西所控制。意愿首先必须能够控制住自己，否则它就没有主宰其他万物的能力了。如果自控力不想失去自己的威力，那么它就必须迅速果断地决定一个人的行为。所以归根结底，所有暴力都是脆弱的表现。

治疗方法：树立健康的个人主义观点，也就是学会自我尊重；培养从容不迫的气度，无论情绪如何波动也要保持从容镇静；预测和推想别人的反应，一旦想到自己的情绪如果爆发必然引起人们的注意，这样就有可能有效地抑制住自己的怒火；培养自我控制的能力，特别是忍无可忍的情况下，把自己的感情发泄到其他的地方去；回忆以前的经历，曾经有过的令人记忆犹新的后果一定会阻止自己再这样去做。

7. 固执

由于过度滥用自控力使人显得无比顽固。有些固执的例子表明自控力的缺乏，而真正的固执则是指坚定的自控力的程度超过理智的界限。固执的人总是觉得自己对于眼前事务的看法是对的。他的弱点在于无法接受重新考虑的行为。他之所以这样专断，是因为他没有看到自己有必要进行进一步的研究或调查，而不是因为这个人本身有多么顽固。他认为，问题都已经解决完了，并且解决得非常好。只有他一个人是正确的，其他与他不同的观点和看法简直是太荒唐了。乔治三世和菲利普二世就是两个非常典型的例子，他们都是顽固不化的人。

治疗方法：想尽一切办法寻找支持或反对的理由，寻找最宽容的理由。多多重视别人的意见，有意识地培养适当妥协的习惯，一定要克服自己的骄傲情绪，肯于向真正的智慧和事实认输。

8. 固执己见

这种自控力的病症体现在“无所谓”这句话上。它既没有耐心又没有理智或恻隐之心，它使人完全不顾一切地采取某种行动，完全不顾及别人的警告，也完全不理会自己心底隐隐约约的疑惑和担心。固执己见就是自控力被自己疯狂的欲望控制时的表现。1812年准备侵占莫斯科的拿破仑就是这个固执己见的典型例子。

治疗方法：培养谦虚谨慎的态度，经常回忆过去的经历并总结经验，一定要注意听取别人的意见，深入地思考自己的内心世界，长时间地仔细分析相反的意见和相反的理由。

9. 刚愎自用

刚愎自用的意愿总是顽固不化的，尤其是在错误的问题上顽固地坚持自己的意见。如果仅仅是顽固，那么也许还有解决的办法，而刚愎自用则是把两者都扭曲了，有时这完全是一种虚荣心在作怪。很多人都有这个毛病，他们明明知道自己正在走一条错误的路，无论是对别人还是对自己都没有好处，但仍然是死不悔改。这一情形下，他的自控力是强大的，但是它被用错了，而且是有意识的。

治疗方法：时刻不要忘记过去的经验教训，同时还要设想将来可能发生的事情。对于已经发生过的严重后果，一定要仔细分析并从中吸取教训。务必要强迫自己注意听取别人的意见，要善于解剖自己的个性，并深入研究人类行为的一般准则。要有大度之心，在建立明确的思想意识之前要经过多方查证。任何事情都要一步一步地考虑，如果只是异想天开的念头，要尽可能地把它抛置脑后，并且要随时问自己：怎么做是对的？怎么做才是最好的？如果认定某件事情是错的，就要毫不犹豫地坚决放弃。此外，应该随时准备改变自己的观点，适应新的生活环境，使心理更健康。

10. 缺乏信心

这是由于缺乏对自控力来说必要的知识，因为对自控力的真正理解意味着对意愿的力量充满信心。许多疾病都是可以治愈的，只要我们相信自控力。自控力自身的力量是如此巨大，它的疗效是如此显著，它的资源几乎用之不绝，所以它产生的效果也是不可思议的。我们所需要的只是完全相信它，对它的信心要坚定不移。就像我们前面说过的：它具有最崇高、最完美的功能；它是我们所掌握的最好的东西，是我们能够运用的最强大的武器；它能够使自己发展自己。

11. 其他

例如，大脑不能很有耐心地对待事情，大脑不能清晰而连贯地回忆，大脑不能持续地激发想象力，大脑无法充分地施展推理能力，大脑无法站在道德原则的高度上考虑问题。因为这些问题会导致懦弱无能、优柔寡断、见异思迁、我行我素、刚愎自用、粗暴、顽固等种种不良表现。对于已经发生过的严重后果，一定要仔细分析并从中吸取教训。务必要强迫自己注意听取别人的意见，要善于解剖自己的个性，并深入研究人类行为的一般准则。要有大度之心，在建立明确的思想意识之前要经过多方查证。任何事情都要一步一步地考虑，如果只是异想天开的念头，要尽可能地把它抛置脑后，并且要随时问自己：怎么做是对的？怎么做才是最好的？如果认定某件事情是错的，就要毫不犹豫地坚决放弃。此外，应该随时准备改变自己的观点，适应新的生活环境，使心理更健康。要养成一种合理的想法，形成合理的行为习惯，不要让虚荣心支配了你。

治疗方法：一定要使自己服从自控力的支配，认真地学习本书下文将要提到的所有练习方法。

第五章　自控力的心理学原理

所有教育活动的关键在于，

使我们的神经系统成为我们忠实的同盟而不是敌人。

为了做到这一点，

我们必须采取各种办法，

尽早地培养有益的习惯，

把各种可能对我们有害的细小因素挡在意愿的门外。

在养成新习惯或者改掉旧习惯的过程中，我们必须尽可能地采取主动，在新习惯深深植根于你的生活之前绝不放松对它的培养。

及时抓住可能帮助你完成自我转变的每一个机会，善于利用那些可以使你养成你所期望获得的好习惯的每一种有益的情绪。

——威廉·詹姆斯教授

自控力的心理学原理

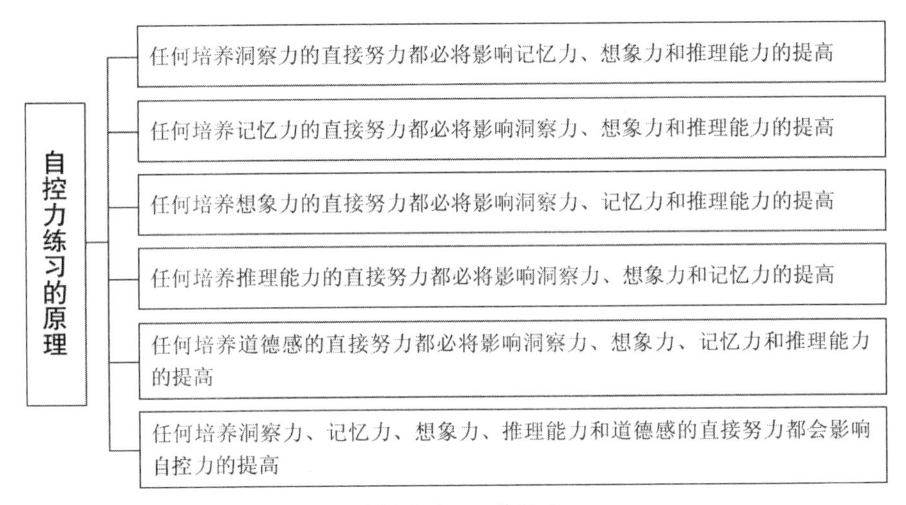

自控力的心理学原理

以某种特定的科学方法来培养和练习洞察力、想象力、记忆力和推理能力这一问题，似乎所有的学校都没有给予应有的重视。

现在，在哪所学校里开设有培养洞察力的专业呢？在什么地方重视科学地培养想象力呢？哪所大学专门安排了固定的时间去练习并增强学生们的记忆力呢？或许世界上没有任何一个地方通过详细具体的计划来增强和练习人们的自控力。本书所要讲的就是，自控力是可以通过适当的方式来增强的。也就是说，经过深思熟虑而明智的练习，能够使自控力变得更加强大。

首先，通过适当的练习方式，自控力是可以增强的；练习时间久了，一个人就形成了某种特殊的心理个性和特有的才能倾向。因此，经过长期的刻苦练习，音乐家灵活而敏捷的指法能够让人眼花缭乱；在没有任何外部刺激的情况下，那些失去视觉的人能够想象出物体的形状，这都是因为他们已经形成了一种自己特有的才能倾向。

大脑的各个组成部分结合在一起共同发挥作用，其方式是使所有的活动都沿着“阻力最小”的路径去实现。这是神经活动通过神经能量，作用在特定的方向上逐渐形成的。

“阻力最小的路径”可以经由持续的大脑意愿活动，以特定的方式，为了特定的目的而形成。人大脑的成形，往往是由其最经常锻炼和运用的模式决定的。

但是，开发自控力既涉及建立最简便的行为路径的问题，还涉及增强个人力量的问题——这样可以节约神经的能量，把节约下来的大脑的力量充分地用于完成其他事务。

其次，自控力可以通过大脑整个的改进得到培养。当所有的智力因素得到开发，并且坚信一定能够培养出坚强的自控力时，自控力练习的效果就更为显著。反过来，通过培养注意力，通过排除思想的主观性，通过进一步开

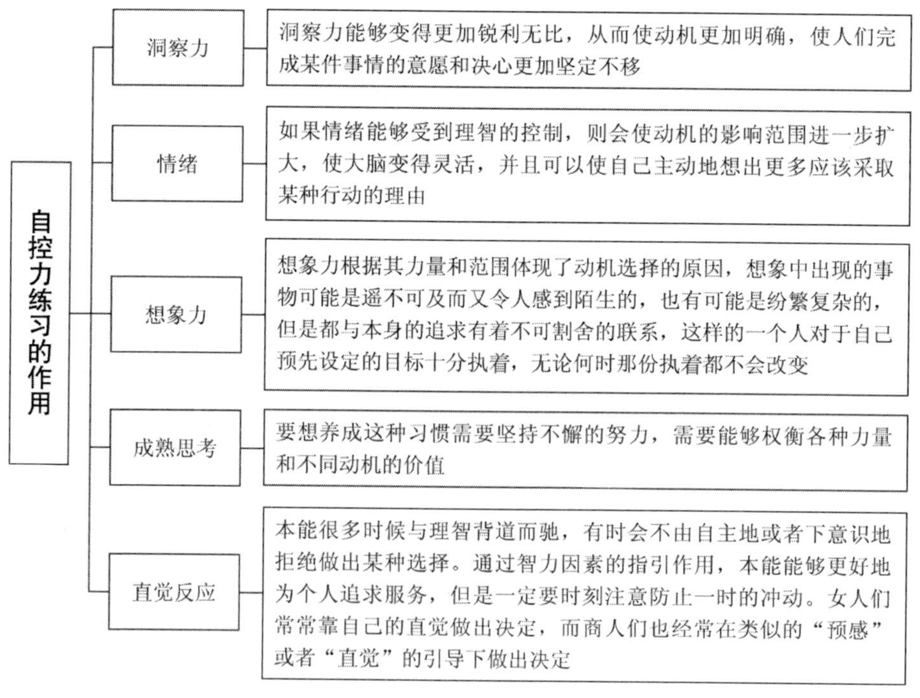

自控力练习对个人成长的正向作用

发天赋，通过逐渐培养正确的思维习惯和生活习惯，自控力也是完全能够督促大脑进行自我开发的。

道德感与自控力

人类各个方面的力量是相互依存、相互作用的。那么正直品格与自控力又有什么关系呢？答案是：自控力促进一个人的正直品格，反过来正直品格又能增强自控力。

如果一个人的道德感不断升华，那么生命就会建立起阻力最小的路径，然后表现出自己与人不同的态度和习惯。这些态度或习惯都或多或少会对个人意愿有所影响。而最重要的是，它极大地扩展了一个人积极行动的能力，并使自己找到更多变通的方式，这样一来，很多动机和行为纷纷涌现，呈现在这个多彩多姿的世界。

道德感是这样促进自控力的培养的

1．它把生命行为中最真实的动机和目标放在所有的其他想法之前。

2．它为大脑思考问题时提供新的动机，为已经做出的决定提供进一步的支持，这个新的动机的性质完全不同于以往的动机。

3．使自己可以更加清楚地看到事物的利和弊，能够设想所有提出的方案可能产生的后果。

4．它能够制止自己的某些行为或做法，可以使自己克服掉那些对谁都没有好处的坏习惯。

5．它能够使自己具有高度的自我克制能力。

6．它会促使一个人不断地追求真理，并受到真理的引导。

7．它能够激发一个人高尚的情操，使他从宏观的角度认识人类命运的伟大命题，使他深刻理解人类的善与恶、正与邪。

我们生活的基础是有形的行为，包括生老病死、吃喝拉撒等活动。感官上受到刺激是意愿冲动的最初根源。如果身体是健康的，那么这些刺激就是正常的，也是真实的。当身体和心理两方面都正常时，也就是说当身心两方面都没有问题时，它们必然会相互合作、相互协调。

反过来说，行为活动也应该与心理相统一。当健全的大脑与正确的感官印象相互协调时，这个人就是健康的、正常的和真实的。健全的心理包括感受、洞察、意愿、记忆、想象、推理能力以及自我意识、潜意识和道德意识。

这种建立在真实条件之上的人总会产生最高形式的自控力。意愿是个性的体现，是一个人素质的表达。正直品格——这是对所有力量和所有现实的正当与否的明智认识——因此成为唯一可以激发人的意愿和发掘真理的因素。邪恶的心智必然表现为病态和紊乱的意愿，因为前面已经表明，动机选择以充分的原因和理由作为根据，通过身体和心智对自控力的服从来实现的；邪恶的心智在许多动机中无法加以识别和选择，缺乏最崇高、最纯洁的动力，因此不可能构成明智合理的充分理由。这样，如果长时间不能找到合理的理由，自控力一定会变得脆弱、反复无常、混乱多变，或者在错误的方向上发展。那么到一定的时候，所有的紊乱就会变成长期的习惯行为，形成某种特定的个性和意愿方式，最终不能在个人身上表现出健康和正常的因素。

因此，遵循自然规律的生活起居是最好的；如果做不到这一点，人的其他行为可能都是脆弱不堪的。表现真实的心智活动是最好的；如果做不到这一点，人的其他活动可能会使自控力变得面目全非。正直的道德生活毫无疑问是最好的；如果做不到这一点，人的其他行为可能会削弱意愿的威力。

发自健全的体魄、理性的心智和高尚的道德信念的自控力，能够使生命中做出的一切努力都像水到渠成一样自然而然，不会受到格外的阻力，并且它还会使所有的智力活动受益无穷。它付出的辛劳越多，获得的决心和勇气就越多。没有任何障碍可以阻止它，没有任何失败会使它气馁沮丧。

探险家约翰·雷多亚德说：“可能没有人像我这样经历过这么多的痛苦。我受过冻、挨过饿，无依无靠地承受可能发生在人身上的巨大灾难和煎熬；我曾经从别人手心里接过一点施舍的食物，他们把我当作一个乞讨者一样地怜悯我；不知有多少次，为了避免更大的灾难和不幸降临到我的头上，我不得不困苦不堪地忍受尴尬的处境。这些糟糕而艰难的境况真是让人难以忍受啊！但是，它们从来没有足够的力量，让我放弃我的理想和目标。”

如果只有勇气和坚忍不拔的精神，而不要完整的人格和善良的内心世界，那么这也只能代表某种邪恶的原则。诺瓦利斯在关于道德的思考中注意到，如果放弃对符合道德标准的理想的追求而不惜一切手段去获取权力和威望，那将是十分恐怖的。傲慢、野心和自私组合起来就构成了完整的邪恶。

詹姆斯教授提醒大家要经常做点什么事情，即使只是在车上让个座位这样的小事也是好的。他认为做这样的事情就如同在为自己的房子投保险一样。一旦遇到什么麻烦，他就有可以指望和依靠的东西。依据这种方式养成的自控力，在出现问题时一定会有所反应，不管当时的情况多么紧急。

当你遇到自己不喜欢的事情，或者一些看来琐屑麻烦、自己力图避免的事情时，你也应该抱着这样的心态。就像每一次举重都会增强三角肌的力量，每一次有意识地完成一件小事都会使你的自控力得到锻炼。

第六章　心理状态：决定自控力的重要因素

当一个人雷霆大发之时，
细若游丝的蛛网也像钢索一样把他缚住。
我的朋友，不要任性而为，
行为的放任自流昭示着厄运。
唤起主宰你的自控力吧——
向他忏悔，服从他的指引。

一个总是在两件事情之间犹豫不定、不知道应该先做哪件的人，往往两件事都做不好。一般情况下，他也会做出自己的决定，但是只要碰到某个朋友提出什么看法，他马上就会改变主意，他总爱在各种意见之间摆来摆去，从一个计划转向另一个计划，像风向标那样一有风吹草动就转个不停，这种反复无常的做法绝不会使他取得任何成就。要想成就大事只有具备恺撒那样的策略：首先多方征询他人的意见，一旦下定决心就轻易不会动摇，无论遇到多大的阻力都一定要实现目标；他碰到的困难和障碍也许会把一个自控力薄弱的人吓退，但是他却不为所动、毫不气馁——这样的品格在任何领域都会使他脱颖而出，超越于同时代的其他人之上。

——威廉·沃特（美国作家、政治家）

你的心理状态会影响你的行为

下面我们给“心境”一词下个定义。首先，心境是指个体心理活动的一种特殊状态；其次，它是对意愿进行引导的一种能量。人在清醒的时候，情绪和心态时时刻刻都在对人施加影响。一个人是否能把握自己的情绪，决定了他是自己的主人还是奴隶。情绪的综合体现为人的意识和潜意识。情绪的外化就是人本身，但是它们的根源至少部分地发自一个人的内心深处——目前鲜为人知的潜意识。

有些人把思想归纳为“物质的产物”，这是一种非常错误的理论。这种理论正在逐渐消退，并且最终将消失。另有一种说法是：人的自我是与肉体完全脱离的，这种说法同样错误。人的思想与肉体紧密相连，两者都是确实存在的，并且都通过对方来表现自己。至于肉体与精神之间有何种联系，到现在为止还是一个解不开的谜，但两者确实存在着物质和非物质的联系。在现实世界中，确实有很多例子可以证明这个内心之中的“自我”的存在。肉体上的表达与内心中自我的表达都是确实存在的。有很多证据表明，两者是互相依存，互为表现方式的。这些证据包括：心理对身体的影响，身体对心理的影响（直接对心理的影响，或者通过对身体状态的影响而产生的间接影响），心理以身体为媒介间接地影响自己。这就是心理力量作用于身体的例子，也正是本章所讨论的问题。

一般情况下，如果心理处于某种特殊的状态，它就会对身体产生各种各样的影响。在中心部位出现的某种行为会在各个部位体现出来，并在一定程度上对整个机体产生影响，从而或多或少地影响行为。

不同心理状态对身体有什么样的影响

1. 悲伤会加速眼泪的释放；焦虑不安能促进汗液排出或者阻碍出汗；面对公众，演讲者因神经极度紧张或者害怕，唾液腺的分泌可能完全停止，有时他会感到口干舌燥；甚至有人发现，暴怒会使毒素潜入血液。

2. 任何激烈的情绪都可能加快或抑制血液在全身的流通。

3. 感情或思想的高度集中往往使人对疼痛浑然不觉。

4. 极度的沮丧和压抑会使潜伏的功能障碍以明显的症状表现出来。

5. 外科手术有时会让旁观者眩晕昏迷，过分嘈杂吵闹会使人恶心呕吐。

6. 如果你把注意力集中到身体的某个部位，这个部位的血液流量就会加大。

7. 突然爆发的情绪会使人一下子具有平常少见的体力，而有的时候则使人突然变得虚弱无力，一动也动不了。

8. 如果自控力突然爆发，一个人往往可以表现出非同寻常的精力。

9. 如果一个疯子发怒，他经常会表现出难以抵挡的超人力量。

10. 头脑中萦绕的想法常常导致身体出现相应的症状。比如：想到难以下咽的食物，自然会使你有恶心的感觉；在锯木头的时候，牙齿往往不自觉地咬合在一起。

11. 焦虑会导致消化不良，长期的呕心沥血会使身体耗尽积存的养分，精神状态不佳会造成身体的某些病症。

12. 同理，乐观开朗往往也可以使本来潜伏的病痛不知不觉地消失，快乐开心和满怀希望有利于整个身体保持良好的健康状态。

不同心理状态对精神活动有什么样的影响

1. 恐惧会让有些人变得机敏灵活（我们往往说急中生智就是这个道理），而另一些人却什么也想不出来。

2. 很多人在情绪振奋、热情高涨的时候可以完成大量工作，而在另一些人身上，激动却会使他们的各种机能陷于瘫痪。

3. 厌恶使那些没有直接关系的机能麻木迟钝，而使直接相关的部分加速运作。

4. 音乐家、在公开场合的演说者和展览人员会极大地受到自己身边氛围的影响。

5. 兴奋总是可以提高人的洞察力。

6. 大脑在回忆以前发生过的场景、事件和故事时，往往对于那些使心情舒畅、健康开朗的情形历历在目。

7. 想象力有时候会因受到疾病的侵扰而变得呆板单调或者混乱无序，而在另一些时候则正好出现相反的情况。

8. 深入连贯的思考总能使想象力变得活跃灵动，自由自在。

9. 一个人的逻辑推理能力受到激情的影响，如果大脑变得懈怠懒散，逻辑推理能力就会变得非常迟缓，甚至错误百出；如果大脑变得反应敏捷，逻辑推理能力就会变得严谨缜密。一个人辨别是非的能力往往取决于一个人当时的精神状态。

提升自控力的8种心理状态

人的心境，即情绪和心态，之所以非常重要，是因为它们能够充分调动自控力的作用，使自控力成为生活中稳固不变的因素。它们可以表明人们对某种行为的态度，并且可以揭示人的个性或癖好。一旦对心境进行了明确而深入的思考，它们总是有助于自控力和稳定性的培养。另外，自控力需要对心境进行管理和调整。如果自控力能够支配这些特殊的精神状态，它们反过来一定会促进自控力，并在自控力的指引下完成预先设定的目标。

我们一定要注意最大限度地发挥自己情绪中的积极因素，要经常使自己的行为受到有新鲜感的兴趣的刺激，这样会使你的生活达到“极致”。

提升自控力的8种心理状态

1. 感兴趣的心境

所谓感觉，是一种使人愉悦或痛苦的精神或身体状态。而所谓兴趣则有两种，一种是自发的兴趣，另一种是自觉的兴趣。自发的兴趣对介入其中的感觉不是很在意，也就是说，是喜悦还是痛苦没有太大差别；而自觉的兴趣则是一种逐渐形成的关注，它总是基于本人的愉悦，至少也是某些愿望的满足。

感兴趣的情绪是可以逐渐养成的。在所有辉煌的生命中，感兴趣的情绪总是存在的，并且非常强烈。如果兴趣不时受到摧残，结果必然是自控力的消亡。自控力的整个活动在很大程度上取决于逐渐培养的兴趣。我们应该用自发的兴趣来维持这种逐渐培养起来的兴趣。重要的是，我们应当促使其变成一种良好的生活习惯。

对逐渐培养的兴趣有这样一条指导原则，它可以使大脑保持对这一兴趣具有持之不断的新鲜感。对此，威廉·詹姆斯是这样写的："原本毫不吸引人的任何东西都可以变得有趣，因为人们把它和已经使人感兴趣的东西联系了起来。两者之间的联系越大，其趣味性就越能体现在整个过程当中。而那些本身趣味性不强的东西因为从它相关的东西上得来的趣味也变得无比真实、无比强烈，就好像它本身从一开始就充满趣味似的。"

如果在实际生活中不断地运用这条原则，一定会使你积蓄非常强大的自控力量。

2. 精力充沛的心境

所谓精力充沛，是指大脑处于一种稳定而又有力的状态。精力充沛的人也许总是风风火火，因为他的脑子里容纳了大量想法。精力可能会体现在行动的表面，也可能不动声色地隐藏在外表的下面；它表现出来的也许是猛烈、迅速的，也可能像没有受到阻力的浮冰一样沉着平静。不管有什么样的特征，精力充沛对一个人都是非常重要的。自控力可以确保一个人具有充沛的精力。但是，拥有精力也要善于控制精力，这也是培养自控力的方式之一。在某些场合，要学会调动所有的情绪和心理要素，如生气、机警、精力集中等等。

3. 顺其自然的心境

它表现为允许行动顺其自然地发展下去，除了在特殊情况下偶尔进行干涉之外，基本上不对其加以干涉。可以在很多活动中看到这类纵容意愿行动的例子。比如在走路时，有意识地努力走好路，这是自然而然的行动，但人在走路的时候还会想着其他事情；看书的时候可以同时和周围的人聊天；音乐家在演奏过程中也可以与别的乐手进行交流。

在上述情况下，大脑很可能已经在“私下”自然而然地介入其他活动，但是这时客观上大脑只是处于被动的观望状态，就好像一位没有插手管理的统治者。当有意识的自控力对某一状态、行为或者做法不加干涉时，我们就能注意到这种放任情绪的出现。意愿也会任由机体保持各种各样的精神或身体状态，比如使其陷入沉思或者静静地休息，让一种或一系列行为继续下去，或者保持一个习惯不被打断，或者使生活的某个阶段延续下去。不过大脑在任何时候都能意识到自己本身或者身体的活动，并随时都可以对它发出指令，使其向相反的方向发展。

我们可以对这种情绪和心态进行培养，但是一定不要使其影响良好习惯的形成和自控力的磨炼。为了心理健康而使身体和精神得到休息是应该的，但是，放任一定要有节有度、适可而止，否则就会陷入懒散倦怠，就会毁坏而不是增强自控力。

4. 决断的心境

决断的心境与精力充沛的心境有很大关系。决断意味着一个人或多或少需要动用强力来果断迅捷地实现自己的期望，他在行动时，一刻都不耽搁。这种情绪也需要不断培养才会持续拥有，就像处理生活中的突发事件，需要不断激发出自控力。

优柔寡断的人对环境和人为因素总是很挑剔，他们从一个地方挪到另一个地方，结果什么成绩都没有取得，反而把所有事情搞得一团糟。

犹豫不决只会浪费时间，这种人每天总是慨叹自己浑浑噩噩流逝的岁月。

要改变这种状况，就要抓住现在的每一刻。

你能做什么，或者你梦想自己做什么，从现在开始。

要勇敢大胆地去做，天赋、力量和魔力都在里面。只有投入，心绪才会变得热忱。

马上开始，工作才能完成。

当然，保持大脑处于决断状态所做的任何努力都需要自控力的直接作用。它要求在理智思考的基础上，勇敢地面对生活中可能出现的所有问题，积极采取行动——而不是迟迟地坐等什么事情“发生”来改善自己的境况：毫无疑问，这是磨炼自控力的最好手段。

5. 持之以恒的心境

这种心境需要精力和果断的配合。或者说它实际上就是一连串的决断力，是把决断的心态固定下来。如果坚持干坏事，这个人就完了；如果坚持正确的行为，这个人一定会获得成功。它在一个人生活中的重要性不言而喻，因为习惯是人的第二大天性。

而我们后天经过练习养成的习惯，到了一个人成熟的时候，就已经具有控制或排除我们与生俱来的冲动倾向的力量。我们百分之九十九或者千分之九百九十九的行为都是纯粹自然的或习惯性的，从早上起床到晚上睡觉，都是如此。

养成行动的习惯是至关重要的，这一习惯应该是合理的，对大脑发展有益的。在人的习惯中同样需要决心和果断，要取得成功，就需要毫不迟疑地马上行动。

正是习惯孕育了成功，习惯可以加速我们的行动，心境可以加速我们的决断。

6. 理解的心境

这种心境是指一个人对正在着手的事情有理智的分析和认可。他集中精力是为了弄明白、搞清楚自己正在从事的事情的来龙去脉。这种心境往往与决断力和连贯性相关，但并不总是这样，因为理智有时会觉得不采取行动更明智。

理解的心境对自控力的激发是非常关键的。你不能说服自己去做应该做的事情，就表明你没有受到自控力的激励和控制。它会阻止随意的行动，它考虑问题的基础是要进行有益、有效的努力，而不是鲁莽草率地蛮干。当格兰特将军一切准备就绪时，他才势不可挡地赢得了战役的胜利。法拉第在就要看到实验结果之前说："等一下，我期待出现的结果是什么呢？"一旦你下决心培养这种心境，并在深入细致的思考中时时注意运用它，将会使人避免生活中的很多困难和失误，并毫无例外地会在激发自控力方面产生更大的力量和智慧。

著名心理学家威廉·马修斯教授说："人们十有八九把自己的计划铺陈在过于宽泛的领域，其结果是，无所不能的人往往一无所能，因为他们从来没有弄清楚自己到底想要什么，或者到底要做什么。"

7. 分析的心境

即便一个人可能对问题、动机或者几种可行的方式了如指掌，可是，他可能仍然难以做出正确的决定。一个拥有分析心境的人就会问：为什么要这样做或那样做？它没有让自控力匆忙指引人的行动，而是等待给出令人满意的答案后再行事。

注意，这种心境的培养无疑很容易过头，实际上很多时候是无法很快找到采取行动或终止行动的决定性理由的，但情势要求应该马上决断，这时你也不应为了找到充足的理由而耽误时机。但不管怎样，充满理智和拥有正当的理由在行为中的分量非常重要。在大脑思维过程中，分析力的发展是坚强自控力的保证。

奥里森·马登写道：“毛奇公爵是德国伟大的战略家和将军，他的座右铭是，权衡在先，冒险在后。他的伟大功绩都归功于这一点。他处事谨慎小心，从不轻易做决断，在计划部署的时候向来认真细致；而一旦做出决断，在执行的时候又往往勇敢大胆，甚至看起来似乎不顾一切。”

8. 正直的心境

有了正直心境的指引，就可以保证一个人的行为合乎道德规范的标准。它是与自控力相关的情绪中最崇高的。正是在道德的指引下，才出现了世界上最伟大的灵魂。它使大脑清澈透明，使所有的动机一览无余，使是非对错显而易见。它激发人的决心，促进坚持不懈的努力，触发通情达理的做法，并指引理智的分析。

使自控力受到干扰的最大敌人就是邪恶。追求道德的情感使一个人具有控制整个世界的力量，这是它相对于其他所有情感的高超卓越之处，它表现了无所不能的自控力量。精心培养这种心境并把它置于重要位置的人无疑将得到福祉，他也许在无关紧要的细枝末节方面会出现错误，但是在自控力的最终目标方面，他一定不会有任何差错，这是对付邪恶的最好办法。

在生活中，我们经常会看到许多人可以表现出很大的兴趣、精力和决断力，但只有较少的人表现出相当的理智和明慧，而在生活中表现出明智连贯性的人则更少，而能在自己行为中真正奉行始终一贯的行为准则的人那就更罕见了。

无懈可击的自控力会完美地表现所有情绪和心态的组合：正当的感情融入精力，付诸毫不迟延的行动，在理智和道德的指引下勇敢前进。一个人一旦具备了所有这些自控力要素，那么他就能够在相当长的时间里，不知疲倦地为完成自己的丰功伟绩而努力。

第七章　如何做一个自控力强大的人

对自己确定的目标一定要全力以赴，
必须要用观察力来考察，
用分析能力和想象力
来预测将来的可能性，
用判断力来决断，
用行动来搜集决策需要的材料，
用自我克制和坚韧
来把自己已经确定的目标完成。

一个人在每件事情中都可以得到自控力的磨炼或学到有关力量的功课。从童年时代“运用各种感觉”开始，到他最终创造性地完成一件事情为止，在这个过程中他已经掌握了自控力的秘密，他可以简化复杂的事务，找出事物的普遍规律，根据自身的情况创造各种有利的条件。

——爱默生

培养好习惯

伟大的事物、智慧、自控力，都可以从个性这个概念的角度加以理解。伟大就是一个人具有非同寻常的强烈的个性特征。个性给人的天赋注入了勇气和力量，是人性的完美体现。伟人就是把很多品质以无懈可击的方式完美而和谐地汇聚到自己身上，在他自我发展的关键时刻，适时地发挥了作用。

那么，让我们从研读与自控力练习相关的法则，开始我们的塑身计划吧!

下面这些习惯应该悉心体会，直到它们在你的脑海里滚瓜烂熟。它们来源于经验，需要在实际生活中每天加以实践，直到它们可以自然地对你个性的形成和塑造施加影响。

人一生必须养成的55个习惯

1．把那些你认为与自己善良的直觉意识水火不相容的动机和行为抛到脑后。

2．一旦责任与娱乐、舒适之间发生冲突，要多想一想责任。

3．无论在何种情况下，永远不要做出违背自己明晰判断的行为。别人的看法也许是对的，但是从长远来看，即使自己错误的判断也比别人正确的判断要好。不要放弃自己对事物的判断。

4．努力培养自己乐观积极的情绪，使之成为根深蒂固的习惯。

5．永远不要跟在别人屁股后面跑或者模仿别人。你也许在无意识中存在这样的意愿，但是一定要有意识地想出新的观点和看法，开辟新的途径。

6．主宰自己的意志。

7．如果有疑虑，什么也不要做，静静等待新的想法。

8．锻炼自己镇静沉着的能力。

9．永远都要保持热情、积极的状态。

10．千万不要发脾气，也不要毫不考虑就出现烦躁不安的情绪。

11．发脾气的时候，不要做出任何决定。

12．如果自己有鲁莽的倾向，应该锻炼自己平和、沉稳的个性。

13．如果自己有过分保守的倾向（这一条应该凭借过去的经验得出，要知道，这对人对事都没有好处），应当培养当机立断的作风和积极上进的精神。

14．如果需要对问题进行深入思考，在思考之前不要做任何决定。

15．如果无法进行深入思考，那就保持镇定。因为思维不清晰时大脑处于无序状态，它使自控力毫无用武之地。

16．一旦决定，就不要后悔。懊悔是积极意愿的敌人。如果自己在非常冷静客观的时候做出了决定，这时所做出的决定从其必要性来看具有独一无二的特性，与之相比可能没有其他更好的办法。

17．如果没有明确的目标，就不要做出决定，要研究目标是否具有足够的说服力。

18．千万不要让任何困难使你偏离既定的目标。“可能”这个词意味着“使头脑发昏”。

19．永远不要做出不可能实现的决定。

20．在追求目标实现的过程中，应根据目的来选择手段，然后运用理智来思维，并在它们之间进行转换。如果能够比较顺畅地绕过一座大山，就完全没有必要非得把它夷为平地。俄亥俄州有一个人打算投巨资铺设一条火车轨道，但他不得不在中途放弃了原先的计划，而是购买了另一条铁路。他应该在开始铺路之前就把事情想得很周到才不致如此。

21．可以说，最好的自控力并不是不顾一切去克服所有的环境限制，而是能够利用所有的有利条件以“抵达目的”。明智的自控力的目标是目的而不是手段。

22. 永远不要荒废目前所从事的工作。

23. 如果无法理解某种动机，就不要让它潜入心里。为此，入伍之前的战士应该经过体检。

24. 永远不要使一种行动的动机与另一种动机纠缠在一起。比如这座城市是一个良好的商业中心，可问题在于，在这里你得白手起家、一切从头开始。这样的动机组合只会造成混乱。应该让每种动机保持独立。

25. 千万要记住，自控力的敲定需要有“法官”和“律师”的协助。你只是并且永远只能是法官。当欲望占据法官的位置而自控力又毫无威力的时候，你就该休庭了。你只有坚持坐在自己的位置，才能做出正确的判决。换句话说，永远不要使自己对“被告”有任何个人好恶感，永远不要有先入为主的支持或反对情绪。

26. 在做出重大决定的时候，要把整个精力集中于这件事情上。立志于“我一定要做成这件事”。

27. 如果脑子里在同时琢磨其他事情的时候，不要做决定，因为在钓鱼的同时又去狩猎是根本不可能的。

28. 记住，永远不要脚踩两只船。让自控力集中于两件事情当中的一件。幻想一箭双雕的人往往什么也得不到。

29. 认真听取身边所有人的忠告，然后根据自己对这些忠告的判断采取行动。

30. 永远不要对自己的经验轻描淡写。经验就是财富，除了傻瓜以外，当然，傻瓜的经验也具有唯一的价值，那就是可以为别人提供启示。

31. 永远不要在被动的状态下做出决断。被动的决断往往是脆弱的，被动的人总爱说，“我猜想我会这样或那样”。对于像这样的人，我们也许会想到莎士比亚的话：“这个人真没志气！”一个人一旦无法决断那将一事无成。

32．如果你经常无法做出决断，那么，你就应该用当机立断的决心来激发自己的自控力。

33．持久与耐力首先可以保证你有一个良好的开端，其次则能使你不时回想起当初的情况，保持向前的冲劲。

34．如果你受到挫折后灰心丧气，就应该在等待情绪重新振作后再开始行动。

35．对于你自己心存疑虑的事业，永远也不要着手去做。否则，只会使自己的正确判断受到干扰，使头绪变成一团乱麻。如果后来的结果证明，你的错误在于缺乏信心，至少你可以依赖理智的判断。这一收获比你所失去的成功机会还要宝贵。

36．如果你多年来对生活都有担心和恐惧，一定要直面它们，勇敢执着、顽强坚毅地面对它们，直到你发现这只是懦夫所为为止。

37．不要担心、忧虑。为过去的事情忧虑是在挖别人的坟墓，这个逝者的尸体是会自行腐烂的，请不要理会它；为将来忧虑则是在掘自己的坟墓，让身后埋葬你的人来做这件事情吧，用不着你自己操心。

38．如果此时你的大脑思维混乱，就不要做决定。

39．记住，千万不要在下午3点以后改变主意或者被人说服。往往在上午可以做出更好的决定。

40．切记，下午3点以后更不要做出重要的决定。上午10点之前你还没有进入状态，下午3点以后你的状态却已结束。千万不要心不在焉地忽视对任何一个可能的后果做深入研究。

41．不要忽略每一个可能的后果。

42．一定要把控所有可能的后果。

43．在深入思考的时候，一定要把结果和动机区别开来。做出判断的时候，应该从后果的角度考虑动机。

44．在你做出决定之前，把可能出现的问题和困难尽可能想得严重一些。

45．在做出决定之后，尽量把实际出现的困难看得简单一些，尽可能把想象中的困难置之脑后。当然，生活中的所有行为都是需要冒险的。

46. 如果一定要冒险，选择那些可能对你更为有利的。

47. 学会在考虑问题的时候，考虑长远的因素、动机及后果。一定要保证这些动机或相关因素没有被近在眼前的因素所掩盖。比如我本想节约用钱来买一套房子，但是现在我想去度假。房子不是迫在眉睫的事情，而度假是近在咫尺的诱惑。

48. 你在对动机进行权衡的时候一定得小心，不要让欲望占据过重的分量。即使眼前的事情在时时刻刻提醒你它的存在，长远的打算还只是你内心模糊不清的预想，我们也应该意识到，自己最强烈的愿望还是应该面向将来的长远打算。只要你把自己关注的主要目标朝向这个方向，过一段时间之后你必定会实现重大的目标。

49. 在考虑动机和后果的时候，千万不要对自己撒谎。如果不得不撒谎，那就向别人撒谎吧，反正他们早晚会戳穿你的谎言。记住，如果你总是对自己撒谎，那你就是个不可救药的傻瓜。

50. 记住，谎言会让人自控力干枯、灵魂腐朽。

51. 一定要真诚待人。

52. 记住，永远不要反抗苏格拉底称为“魔力”的东西——从你内心深处发出的微弱声音。要谨慎地采取行动或者做出决定。

53. 如果你给你的敌人写了一封信，想通过它来极力挖苦对方的丑恶灵魂，以使自己的心情好转，记住，一定不要在第二天之前将它发出。到第二天你会发现自己说得太多、太过分了，将它删掉一半，而且仍然不要发出。把它存在那儿，不要销毁，这是一封很好的信。到了第三天你再将它精简。直至你能够心平气和下来写一封简短明了而且彬彬有礼的信，以显示你良好的教养和适当的含蓄时，才把最后写成的这封信发出去，你会为自己的成熟和周到感到满意。

54. 一定不要采取任何可能伤害别人或者自己的行为。

55. 运用最高尚的价值标准来衡量自己的动机。

当然，把行为中的所有细节考虑周到是不可能的。所以，我们的生活一定要在正确的原则基础上养成良好的习惯。一个人尽管智慧超群，并且有能力、有自控力实现自己选定的目标，但是由于他忽略了这些一般的行为法则，最后他的目标只得全部落空。这样的人需要随时警醒自己。不要因为轻易决断而影响你的事业。

修炼好心态

随时保持敏锐的意识是生活中的重要内容，生活的最高形式由最强烈的意识构成，并与情感思想和行动的自由扩展相关联，最伟大的人就是能够利用它们使自己生活得辉煌而精彩的人！

现在，让我们看看与意愿、情感相关的重要法则。

人一生必须养成的4种情感心态

1. 在没有经过细致周到的考虑之前，永远不要屈服于一时的心软。

2. 在生成某种情感的过程之中，一定要确保自己完全没有错误的欲念、恐惧、厌恶、偏见、嫉妒、愤怒、报复、神经紊乱、精神沮丧、先入为主的成见和偏颇的观点。

3. 无论何时何地，都不要让一时冲动的感情突然爆发。

4. 让情感随时处于积极、兴奋而理智的状态，要对它加以很好的控制。

人一生必须养成的6种精神状态

1. 尽全力寻找机会来强化下定决心的意识。

2. 努力让自己保持一种坚决、全神贯注的精神状态。

3. 无论出现何种情况，一定要牢牢控制好自己的精力。

4. 如果没有做到深思熟虑，也没有找到充分而有说服力的理由，就不要让精力突然爆发。

5. 所有的活动都要投入大量精力。

6. 把精力用于实现生活的长远目标。

人一生必须养成的5种决断心态

1. 如果没有对所有的事情事先做出决断，就一定要深思熟虑。

2. 培养决断能力，从各种各样的小事开始。

3. 不断努力去减少做出决断所需要的时间，做任何事情要尽可能迅速。

4. 一旦做出决定，就不要拖延，马上着手做已经决定了的事情。

5. 一定要把决断和精力联系起来。

人一生必须养成的6种持之以恒的心态

1. 做事要考虑代价。

2. 不断在内心对自己重复所做出的决定。

3. 永远也不要长时间地顾虑可能出现的困难。

4. 使目标保持在触手所及的范围。

5. 在努力的过程中，保持精力充沛。决定就像不停敲击的斧头，钉子一定会被牢牢地钉下去。

6. 把每一步或每个阶段本身看作目标。以行动做出回答，事情就已经完成了。

人一生必须养成的7种正确看待问题的心态

1．要知道在做这件事情时需要面临什么样的问题。

2．要知道失败意味着什么。

3．要知道成功意味着什么。

4．了解自己的弱点。

5．了解自己的优点。

6．对如何开展要做的事要一清二楚。

7．详细了解一件事情的来龙去脉，并且要有充分的理由。

人一生必须养成的16种正直心态

1．保持对自己的信任。

2．保持对别人的信任。

3．诚实对待自己，而且要绝对地诚实。

4．绝不允许自己做出自欺欺人的判断。

5．无论在何种情况下，总是设身处地地为别人着想。

6．考虑所有的传统道德。

7．不要因为它是旧的就放弃这个东西。

8．不要因为它是新的就无条件地认可。

9．不要急于给任何问题下结论。

10．尽可能地多地寻找解决问题的方法。

11．尽可能充分地利用现有的办法。

12．认同自己善良的直觉反应。

13．用实践来检验自己的看法。

14．如果你的行为是善良而明智的，即使出于一时冲动，也不要害怕。

15．问题的关键在于要热爱真理。

16．总是积极、主动地发现问题，并以同样的热忱担负起责任。

下面这段经典文字摘自约翰·穆勒的作品。这段话几乎把合理锻炼自控力的所有方面都概括到了：

“对自己确定的目标一定要全力以赴，必须要用洞察力来考察，用推理能力和想象力来预测将来的可能性，用判断力来决断，用行动来搜集及决策所需要的材料，用自我克制和坚韧来把自己已经确定的事情完成。也许他并不具备这些品格，他也有可能受到指引而走上善良的道路，一直未受到恶的侵扰和诱惑。但是，他作为人的相对价值到底体现在什么地方呢？真正重要的不仅是他干什么，还包括他怎么干。人类的所有成就都源自于人类自身的不断提高，人是最重要的因素。”

当然，对这一问题的讨论还远远没有结束，这里只是把决定因素简单完全地置于主观的人本身。事实上，还存在一个更深的自我，需要对它进行练习以接受上面提到的法则，并按照这些法则来采取行动。纯粹依赖外力的作用来实现自我提高，这是一种错误的看法。

只要你把这些法则反复研读，直到它们在你心中深深扎根，成为自己潜意识的一部分，它们就会“发芽”，并在一定时候成为你的第二天性。同时，还应该不断在头脑中强化下面的内容：“我完全吸收了这些行为法则，我这样做进一步肯定了一点——对自己的心境和情绪进行适当的控制，它们就会成为帮助我成功的因素，成为我日常生活的规则。”

切记，如果你永远只看到外在的东西或者只是让自己充满幻想，那么，你永远不可能找到事实的真相和生活的真谛。就你而言，这些事物除非在你自己身上发生作用，否则都是不存在的。宇宙万物在庄严地运行着，它们会穿过你无法观测到的领域。没有什么财富是你的，除非它来自于你生命的内在领域。

坚强地面对生活吧，就像内心世界的存在一样，所有的事物都会和你结盟，都会助你一臂之力。如果外部世界呈现在你面前的时候，你去直面它，你很快就会十分肯定地发现，内心深处的自我同样与不断壮大的事物有所关联，通过这种关联你会意识到，约翰·穆勒所言不虚。

我们可以从小易卜生（挪威著名剧作家易卜生的儿子）的著作中看到同

样的论述：“人们程度不等地具有可以变得伟大的特性，只是有的人机会比别人更多一些……在有些人身上天才的光芒一闪就灭了……很多天资不算鲁钝的人在生命的某个阶段可能都有过高明的见识，但是这样的灵感只是断断续续地闪现的，所以他们不能成为天才……人们的最大悲剧也许就是他看到了神明的世界，可是却找不到适当的方式加以表述……”

当你有这种感受时，就请利用不同的法则和规律，开始前面提到的练习吧！它们将逐渐在你的头脑中形成有意识的认识，你将由这些无可指责的法则来指导你的行为举止。你很快就会意识到，你主宰着自己的生活轨迹——你可以随心所欲地控制自己的方向。随着这种更高意识的展现，你会从内心深处油然而生对自己的信任，你是自己的主人，你不受任何外力的约束，你的命运与普通人的命运是不同的。

根据小易卜生的观点，伟人之所以伟大，就是因为他们具有独立性。只有具备可贵的品质，才能称其为“伟人”。

第二篇

自控力练习（一）：感知力练习

第八章　感知力练习的6大原则

不仅仅是成年人，

就连小孩、白痴，甚至牲畜，

都能通过练习来获得许多他们原本没有的感知能力。

每一个人都有对其职业范畴内特定事物的敏感。

天性往往是隐藏的，有时会被克制，但却很少能完全泯灭。一个人想要战胜他的天性，他为自己设置的任务不能过大，也不能过小，过大的任务会由于经常的失败而气馁，过小的任务虽然可以常常获得成功，但进步甚小。一个人不应该持续不间断地强加给自己一个习惯，而应该有些间歇，这些间歇可以加强新的尝试；另外，假如不是一个十全十美的人，不间断地练习，他将会在养成良好习性的同时，也练习了他的谬误，并使两者同在一个习惯之中。除了及时地间断外，是没有别的办法改变这种情况的。

——培根

原则1：要有成功的决心

具有一定连贯性并且充满智慧的思想总是和意愿的力量齐头并进、相辅相成的。在针对某个目标而进行的练习中，这一点体现得尤为明显。意愿的力量孕育出伟大辉煌的思想，与此同时，它也获得了一个来自思想的反作用力，而且自控力越强，反作用的力量也越大。

对于自控力来说，这一点根本不需要系统化练习就能够得到体现。不过，如果进行定期的专门练习，则有望将注意力贯注于一个所希望的目标，从而激发提升自控力的巨大愿望。

“我决心要获得强大的自控力。”将这句话铭记在心吧，它有着巨大的价值。

原则2：以一种训练为重点，逐一突破

对身体的某一部位或人的思想而进行的练习，会对其他部位产生多种有益的影响。

对身体某部位的练习，可以有益于身体的其他部位。

对身体的练习，有益于思维能力的提高。

对思维的练习，有益于身体不同的功能及器官的发展。

这是一条普遍的原则，我们可以从下面的事实中得到证实。如果你每天都锻炼其中一只手，那么另一只手抓东西的能力也会得到增强。因而，斯科里普彻教授在《思考、立志与行动》中曾经这样写道：

“我几乎不敢相信，一些作者竟然声称，无论付出多大努力进行练习，

也不可能带来任何改变。从我们在健身运动中的普遍经验来看，这显然是不符合事实的。在我的指导下所进行的一些实验表明，任何程度不同的练习都会带来变化，这些变化是每天都在发生并且能觉察到的。

“令我们感兴趣的是，某些能力之所以提高，并非由于对它们进行的专门活动。在上面提到的实验中，第一天的练习是以最大限度的努力来锻炼左手的抓握能力，然后锻炼右手，每只手练10次。结果表明，左手的抓握力为15磅，右手同样也是15磅。此后，让实验者仅仅锻炼右手，几乎每天都进行一样的练习，共11天。我们发现，到第12天的时候，右手的抓握力已经达到了25磅，就在同一天，左手的抓握力居然也达到了21磅。也就是说，在练习右手期间，左手的抓力增加了6磅，它由于右手的锻炼而增加了超过1/3的力量。”

在培养自控力的锻炼中，思维能力的锻炼和手的锻炼也应该是一样的道理。事实上，坚定有力、目标明确地进行身体力量的锻炼，一般都会增强自控力。斯科里普彻教授也提到了这一点：

“关于身体锻炼与自控力之间关系的讨论已经很多了。我认为，我所谈到的内容可以充分解释，我们为什么可以用某种行为能力的变化来作为自控力变化的指标。毫无疑问，健身运动增强了人体活动的能力，而与这种运动相应的自控力也必然会有所增加。这一结论是显而易见的。我们注意到，在锻炼一阵后，尽管在肌肉方面看不出任何轻微的变化，但某种行为能力却在稳步增强。当然，我并不是说经过锻炼的肌肉与没有经过锻炼的肌肉相比，在做同一件事时表现不出多大的差异。我只是表明，许多力量的增强或减弱有时往往只是由于自控力的变化引起的。比如，没有人认为桑德（文学作品中的人物）比其他人有更强的自控力，尽管他长得很强壮。然而桑德的力也是在不断变化的，尽管其中有部分是由于肌肉状况的改变，但主要原因还在于其自控力的改变。当桑德显得很虚弱的时候，如果你试着激怒他，其结果可能会是非常可怕的。”

原则3：提升观察力是提升自控力的首要条件

要想对自控力进行科学的练习，就必须以观察力的练习作为开端。观察力是精神发展的动力之一。

感官是我们获取精神生活的原始素材，是最普通的探索工具。然而，能充分注意到自己的感觉，又能很好利用自己感觉器官的人确实是太少了！这是被人们所忽视的一大领域。

观察力的差异是人与人之间一个很重要的区别。所谓观察力，指的是看、听和感觉事物的能力。一些人能觉察到事物表面的很多方面，而有些人却只能把握很少的东西。一些人不仅能觉察到事物表象的方方面面，并且能看到其内在的实质，而有些人在同样的情况下，既看不清事物的外在表象，又探究不到其内在含义。他们都有耳朵、眼睛和神经系统，但他们却不会去看，不会去听，不会去感觉。对于这些人来说，强大的意愿是遥不可及的，他们总是被瞬息万变的变化牵着鼻子走。

因而，提升自控力的首要条件就是观察力的练习。一个人必须要学会去看、去听、去感觉事物本来的面貌。斯科里普彻曾言："视力并非只能感觉那些直接进入他身体的事物，它能用于观察一切事物。视力通过观察而变得神奇有力。"这是首先应学会的一课——"看的艺术"。我们大多数人在这一点上没有得到应有的培养就进入了学校，并且令人感叹的是，如今大部分孩子仍是这样步入校园的。有许多正确的方法可以让孩子们学会怎样去看，但学校里一般的具体课程却往往起到相反的作用。如果我们不能学会如何去看，那么我们将永远在原地踏步，无法前行。

因此，一则普遍适用的格言就是——注意！对自控力的培养必须从坚持不懈的注意力的培养开始。自控力必须要有力地参与不同感觉器官的运用。在所有练习中，这一格言必须要牢牢记住。然而，注意什么东西呢？意愿的力量！一条权威的原则就是："我决心提升自己的自控力！注意！"

原则4：坚持不懈，勤能补拙

我们需要进行系统的练习，并一直在自己的脑海中把自控力作为一个永远追求的目标。练习可以培养持之以恒的毅力，而持之以恒能使练习进一步完善。

爱默生说得很正确："气质的第二替代物是练习，它是形成习惯与常规的力量。习惯于拉马车的跑马要比阿拉伯马更适合拉车。西点军校总工程师比福德上校用一把铁锤猛敲一门加农炮的炮耳，直到把它们敲烂。他又连续上百次地速射一门大炮，直至它的炮膛炸裂。那么，是哪一次敲击破坏了炮耳呢？是每一次敲击的总和；究竟是哪一次爆炸炸裂了炮膛呢？毫无疑问，是每一次爆炸的总和。"

"勤奋就意味着金钱"，"伟大就是要不停地磨炼"，亨利三世经常这样说。每天6小时的钢琴练习，就能达到触琴的娴熟；每天6个小时的绘画，就能获得对枯燥的材料、油彩、颜料以及画笔的熟练运用。那些杰出的大师都说，他们只要看一个人按键的姿势就能判断这个人在音乐上是否是一个行家，事实上，达到对乐器的熟练操作是非常困难而又非常重要的。要学会运用工具，就要有成千上万次的操作；要学会计算的技巧，就要进行无数次的加减乘除。

英国哲学家托马斯·里德说道："不单是成年人，就连小孩、白痴甚至牲畜，都能通过各种各样的习惯行为来获取许多他们原本没有的感知能力。几乎每一种职业的人都有着这种对其职业范畴内特定事物的感知力。牧羊人熟悉其羊群中每一只羊的习性，就像我们对熟人的了解一样，他们可以把它们从另外一群羊中明白无误地拣出来。屠夫一看就知道牛羊被宰杀之前牛肉和羊肉的重量。农夫通过眼睛的观察就可以八九不离十地估算出一堆干草或一堆玉米的重量。即使船只在很远的海上，水手也可以判断出它们的吨位、构造以及距离。每一个习惯于书写的人都可以通过字迹辨认出相识的人，就如同通过脸孔来辨认一样。总而言之，洞察力的获得是因人而异的，其原因就在于他们所选取的观察对象是千差万别的，而且他们进行观察的实践活动也有所不同。”

上述这些后天形成的能力都是通过长期锻炼而获得的。它们背后就是持之以恒的自控力在作为支撑。在上面所举的这些例子中，绝大部分都不需要在某一次练习中付出巨大的自控力，也就是说，其付出并不大，只需要你坚持下去就可以了。

所以，只要持之以恒地专注于下面的练习，让思想一直保持充沛的自控力，将会使你获得所预期的能力，并培养你对思想的控制能力，其效果是十分惊人的。但这些练习要取得成功，必须付出努力和耐心。不要想着没有辛苦的努力就可以获得强有力的意愿，也不要想着只通过一个月的练习或一阵子的努力就可以实现这种提升。要获得伟大的自控力，只有一条路，就是要下定决心、再下定决心，不断地增强自控力并坚决地持续下去。

我们也发现，一些精神错乱的人有时居然很有自控力。当他们有了明确的目的之后，就会给自己上足发条，付出最大的意愿努力，完全像个清醒的人一样行为处事。这本书一旦花费了你好几个月的时间和精力，它就会使你充满意愿，让你获得巨大的能量和坚忍不拔的毅力，并且最终将会证明你付出的所有时间和精力都是值得的。

原则5：劳逸结合

练习的效果在很大程度上取决于练习的活动安排。这就要求不仅要有科学合理的练习，还要有休息，做到劳逸结合。在为期10天的练习中，当持续练习了5天之后，就应适当休息一下，比如在星期六和星期天。自始至终，要培养和保持充满自控力的情绪。培养强大的意愿，这就是我们所要攀登的高峰。

原则6：保持信心

只有当你自信能够成功的时候，你才会倾向于凭借自己的自控力去取得最终的成功。因而你非常有必要培养预期的心境。大量经过科学证明的基本事实都表明这一相关关系是十分重要的。由于篇幅的限制不允许在此做冗长的解释，但其主要的观点是：你的想法越积极，就越有可能成功；想法越消极，就越有可能失败。

养成积极乐观心情的4种方法

1．保证你所设定的目标在你的能力许可范围内。

2．在你可以选择施展最后努力时机的情况下，要选择你处于最佳身体和精神状态的时刻。

3．在你脑海中不断重复铭记，你应该而且必须胜利。拒绝头脑中冒出来的动摇念头，藐视“我可能要失败”的想法。

4．在自己的思想中保持旺盛的思维活力，在精神上反反复复告诉自己，你应该并将要得到你所追求的东西。

你可以想象，然后告诉自己：我要有健康的身体；我要让自己富有起来；我要得到生活中更美好的东西；我必须得到它们。我要用全部的力量在工作中实现我所追求的价值，我要得到它们！如果这些显得有些可望而不可即，那么只需在脑海中记住：我现在的精神状态是积极乐观的，这一状态刚好与退缩、胆怯的境况截然相反，而后者正是应被“踢到一边去”的。如果因为消极的思想状态而产生了预期的抱怨、无聊、失落、空虚的生活，那么对于积极的思想来说，就毫无可能实现所追求的远大目标了。

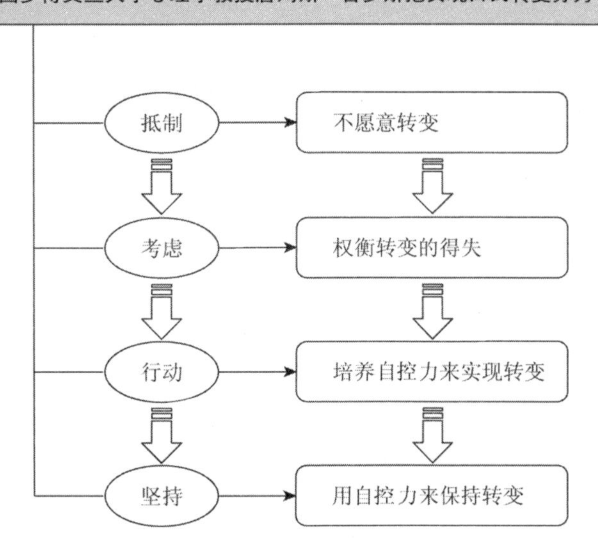

实现自我转变的4个步骤

第九章　视觉练习——眼睛是自控力的窗户

一些人能觉察到事物表面的很多方面，

而有些人却只能把握一点点。

一些人不仅能觉察到事物表面的方方面面，

还能看到其内在的实质。

一些人拥有眼睛，而他们却不会观察，

对他们而言，强有力的意愿陌生而遥远，

他们所能做的只是随着无常的变化盲动。

人的眼睛可以分辨不同的色彩。大地、树木、花草、白云等各种自然界的事物似乎有着无穷无尽的色彩，但它们无法超出人类肉眼能够辨识的范围。

——哈罗德·威尔逊博士

练习眼睛就等于练习自控力

爱比克泰德曾经有过这样的论述："难道上帝赐予我们眼睛没有任何理由吗？难道上帝赐予我们一双充满力量的眼睛不是为了让我们看到有形的事物，忠实而迅速地传达现实世界中的东西吗？难道上帝把空气造成透明的，不是为了我们方便观察吗？难道上帝创造阳光不是为了给眼睛的观察提供方便吗？"

思想和情感是眼睛的上帝。在凝视时，眼睛会因为意愿的召唤而闪烁出神采奕奕的光芒。在眼睛中所表现出来的快乐、恐惧、厌恶、爱慕、渴望、反感，都体现出内在情感力量对于眼睛的深深影响。因而，一旦意愿下达命令，这些情感就能通过眼睛伪装起来，就如同在舞台上表演一样。

尽管眼睛是我们关注事物的焦点，但适用于它的法则同样也适用于其他感觉器官——在大脑中枢的任何地方发生的某个活动过程，都会在其他所有地方起作用，并且这一过程还会以这样或那样的方式影响到整个身体。

利用这一法则，我们还可以通过对各种感觉器官的练习来努力培养自控力。每一组特定的练习都会或多或少地影响到整个身体，换句话说，也就是影响到全部器官调动起来的自控力的总和。

视觉、听觉、味觉、嗅觉和触觉都依赖于某些外界刺激。刺激的形式多种多样，包括机械的（触摸）、分子的（味道和气味）、生理的（视力和听力）、力量的（肌肉感觉）、精神的（意识）等等。

苏利教授曾说过："一个丧失视力的人也许仍然可以想象出人们所能看见的物体。这时大脑完全可以不依赖于外界的刺激而工作，因为它已形成了一种习惯，可以根据过去外界刺激时产生的反应方式来进行工作。"当然，对于从未见过的东西，人脑是无法想象出来的。

通过自控力的作用，可以将全身的能量集中于身体某个指定的部位。当把注意力集中于身体的某个部位时，血液就会被引导流到这个地方去。将注意力集中于眼睛，就会使眼睛的多种神经得到滋养。当全神贯注地注视某个东西的时候，视神经根源处的各个神经节就会获得充分的血液供应，视觉的末端器官以及眼部肌肉也会被大大激活。

我们可以通过提高注意力来增强视力，这包含了一定程度的肌肉作用——来自体内的能量被引导至某些特定的肌肉上。在注意力非常集中的时候，人就会有一种紧张或紧绷的感觉，这就表明了肌肉在发挥作用。诚如费希纳所说："在目不转睛的时候，是眼睛在用劲；在侧耳倾听的时候，是耳朵在用劲；在冥思苦想的时候，是大脑在用劲。"

因此，我们可以得出结论，当我们注视一件可视的物体时，就会有一股（神经的）力量从运动中枢传递出来，一部分传递到各部分的肌肉，主要是传递到使眼球转动的视觉肌，还有一部分会传输到感觉中枢，由感觉中枢接收视神经对物体留下的印象。

对于一个手臂瘫痪的人，握手显然是不可能做到的，但是这种肌肉的努力仍然会在身体的某些部位表现出来，因为他用劲了。

也就是说，我们可以把引发神经力量或引起神经兴奋的各种刺激分为两类：身体的与精神的。身体的刺激包含所有来自自然界的刺激——光、热、声音、气味以及各种化学的、机械的或与电有关的刺激。精神的刺激则来自于意愿和思维的运用。因此自控力就是视觉背后的精神力量。

詹姆斯教授举了一个女孩的例子来说明这一问题，这个女孩生来就没有四肢，"尽管她不能使用双手来进行比画，却也和她的兄弟姐妹一样，能迅速对所看到的物体的大小和距离做出准确的判断"。

这样的例子并不少见。一位住在希腊梅德拉岛上的人30年来习惯于去岛的山顶上取他的邮件，并且在那儿观察过往船只的去向。对任何一艘船，他只要朝着它的方向走去，就能准确无误地说出它的名字，尽管这时他距离那艘船还相当远。在一般人的眼里，那艘船不过是清晰的地平线上一个模模糊糊的白点而已。能练就这种能力充分体现了自控力的作用。自控力越强，眼睛也要好，准确观察的能力也就越强。对视觉的练习不仅会提高视力，而且能使更多的能量传输到与视觉相关的神经中枢。反过来也可以说，所有对眼睛的正确练习都会增强那些用于控制眼睛的力量（如自控力），只要在视觉练习中确实努力运用了这些力量。

所以，在下面的练习中，你必须专心致志，将思想完全投入所进行的练习中，排除一切杂念。这在刚开始时是比较困难的，因为你的肌肉和神经必须竭尽全力。但如果一个人能常常对自己发誓："我决心树立坚定的意愿！注意！"那么他最终会练成持久而专一的注意力，并且这种完善的自控力会发展成为他的第二本性。

培养敏锐的观察力的10种练习

练习1

在房间里面或屋外找一样东西，比如一把椅子或一棵树，集中注意力注视这一物体。把所有的注意力都集中在这个物体之上，不要让眼睛过于紧张，尽量自然一些。现在，回答以下问题：

注意这个物体的大小，估计一下其尺寸。

观察一下它与你的距离，以及它与周围其他物体的距离。

再注意它的外形，看看它与附近其他物体的外形有何区别。

认真观察它的颜色，它与周围的环境协调吗？如果是，那又是怎样一种协调感呢？如果不协调，又是什么原因造成的呢？

辨识出它的质地，它是用什么制成的？它真正的用途是什么？它起到这样的作用了吗？它可以在什么方面有所改进吗？怎样才能实现这些改进呢？

在对这些信息进行搜寻的时候，让大脑紧紧围绕着这些相关问题运转。或许起初的时候你会觉得有些困难，但练习久了，大脑就会自然而迅速地对这些问题做出反应。现在，不要继续看这一物体，停下来动笔将你所有能想得起来的信息写下来。

以同样的一个物体为目标，重复这一练习10天，其间休息2天，可把其中一天的休息放在星期天，然后在第10天再观察这一物体，看看你是否取得了进步。

在这一练习中，要注意时刻让自控力存在于你的脑海中。

练习 2

以中等的步行速度穿过你的房间，或者绕着房间走一圈，迅速留意尽可能多的物体。走到房间外并将房门关上，动笔写下刚才你所看到的物体。凭你脑海中留下的印象，而不要凭你事先就已经知道的信息。

与上一练习一样，重复这一练习10天，其间进行适当的休息，在第10天的时候看看你的进步。在这一练习的最后，走进你的房间，仔仔细细地看一遍你一直以来没有注意到的东西。估计一下你错误的概率。

练习 3：瞬间观察练习——石子练习

找25~30块大小适中的大理石石子，其中8块或10块是红色的，8块或10块是黄色的，8块或10块是白色的。将它们放到一个敞口的盒子里，然后将各种颜色的石子完全混合在一起。现在，用两手迅速抓起两把石子，然后放手，让这些石子同时从手中滑落到桌上或者地上。当它们全部落下后，迅速看一眼这些被抓中的石子，然后转过身去，将各种颜色的石子数目凭记忆（不要猜测）写下来。

重复这一练习10天，其间进行适当的休息，在第10天看看你的进步。

练习 4

找20张2英寸见方的纸片，在每张纸片上面都写上一个字母，字迹应当清晰、工整。将有字母的一面朝下，分散放在桌面上。拿起10张面朝下的纸片，然后迅速地将它们翻过来散放在桌面上，尽量使它们分放开，并且面朝上。现在，用极短的时间仔细看它们一眼。然后转过身，凭着你的记忆把所看到的字母写下来。紧接着，用另10张纸片重复做这一练习。

每天这样练习3次，重复10天，其间进行适当的休息，在第10天注意一下你的后续练习与第一次练习相比较取得了多大进步。

上面提及的这些练习每天都要做，并至少坚持10天。如果能长久坚持练习下去，对注意力和自控力的提升都有好处。但要注意的是，后续的练习也必须按照上面的要求来进行。

练习 5

把眼睛睁大，但不要过度，以至于让你觉得不适。注视正前方，此时注意力要完全集中。观察你视野中的所有物体，但眼珠不可以有一点转动。坚持10秒钟后，不再看前方，而是将所能想起来的物体的名字写下来。凭借你的记忆，不要凭借你之前就知道的信息来做记录。

重复做这样的练习10天，其间进行适当的休息。在每次进行这一练习的时候，保持同样的站立位置，向同样的方向看去，并以同样的方式进行练习，在第10天看看你的进步有多大。

接着，重复进行上面提到的练习，其他方面都不变，只是每一天观察的位置和视野与前一天不同。在第10天看看你的进步。

一定要注意：数秒数的过程一般会比所设想的要快。你可以在练习前先调整一下你数数的速度，一边数一边看着手表的秒针走动。这样你数秒数的速度就能保证在一分钟结束的时候刚好数到“60”。

练习6

两眼平视前方，自然眨眼，注视某个距离不是很远的物体，比如10～60厘米远。让你的注意力集中在这个物体上。默数60下，也就是一分钟，在默数的同时，要专心致志地仔细观察。然后闭上眼睛，努力在脑海中勾勒出这个物体的形象。

有一些人可以让这一形象非常鲜明、清晰，与实物一样，而对于大多数人而言，这一形象可能不是那么清晰生动。无论是否清楚，努力在脑海中将这一物体的各个部分都尽量描述出来。不要再看它了，现在把各个部分的特征写下来，要相信你的印象。每天重复这一练习10次，分别以10个不同的物体来做目标。像上面的练习一样，重复这一练习10天，其间进行适当的休息，每天都做记录并标明日期，在第10天看看你的进步。尽管为这一练习所设定的周期是10天，但也可以没有时间限度，一直持续下去，这会令你受益匪浅。

切记：这一练习的目的是让你学习观察事物的本来面目，并将它们印刻在脑海中。随着练习的进行，你观察的仔细程度以及物体在脑海中的清晰度都会大有提高。但是，最关键的是要有耐心和毅力。仅凭这种观察练习而使这一印象中的事物形象鲜明深刻，似乎是不太可信的。但是，随着不断的努力，至少在一定限度内，你那敏锐的眼睛就能看得越来越清楚。特别是当你的意念坚定不移地相信这一点时，它就一定能够实现。

敏锐的洞察力是靠内在的东西来推动的。这就要求观察事物时应反映出事物的真实面貌，要留意各种事件的结果与影响，以便在脑海中留下它们的全面印象，同时，对各种观察的动机还要做出恰当的比较。这些练习的目的是练习你的洞察力、记忆力、脑中的印象能力以及自我控制能力，最终将大大促进自控力的发展。

练习7

自己在遇见每一个人时，都能目光沉稳地直视对方，但不要瞪着他人看，让对方完全在你的目光范围里。要注意的是，在做这一练习时，眼中必须一直表露出你的思想，睁大你的眼睛，坦诚友好地看着对方。同时记住，机械空洞地瞪大眼睛只是一种呆板无知的表现，因为自控力并没有体现在你的眼神之中。

我们可以对眼睛进行练习，做到凝视。有些人从不会盯着别人的眼睛，而是瞥一眼后就将目光移向他物，看看这儿，看看那儿，游移不定。有些公共部门的发言人在讲话时从不正视他们的听众，或盯着天花板，或看着地面，或目光在听众中间游走，其实谁都不看。实际上你的嘴和眼睛所传达出的生动神情具有巨大的鼓舞力量。成功的个人演讲的一大关键要素就在于眼睛，这是一条成功的秘诀。眼睛的直视其实就是一种心理上的作用。直接而坦率的眼神无论在哪里都会被人注意到——在大街上、商店里、社交活动中、演讲台上——都会产生一股巨大的力量。

我们可以通过人工的力量造就敏锐的眼睛。要做到这一点，就必须把你的思想投入到这一"心灵的窗户"中。一个人能从生活和自然中获取什么，取决于他能将多少思想投入到观察之中。要想理解和掌握现实的情况，就必须让思想走进现实之中，主动去取得真实的信息。眼中所表露的思想通常意味着一个人能力的大小。记住，机械空洞地瞪大眼睛只是一种呆板无知的表现，因为自控力并没有体现在你的眼神之中。

练习8

集中自己的注意力，目不转睛地看着前方8～10英尺外的一个小点，全神贯注地看着它，自然眨眼，不要让眼睛太过紧张，一边注视一边数50下。

让思想完全专注于这一意念上：运用直视的眼神。这一意念的背后要保持一种强大的约束力："我在运用自控力！我在迫使意愿进入眼中。"像前面所提到的练习一样，重复这一练习10天，其间进行适当的休息，每天在默数时都将计数延长20下，也就是，第一天50下，第二天70下，第三天90下，以此类推。

练习9

睁大眼睛，注视房间里的某个物体，目光坚定自然，也就是让你的眼睛自然眨动。把全副精神都投入到眼睛的注视中。注意，要将所有思想集中到眼睛上，而不是集中于所注视的物体上。同时不要看你的鼻子，看着物体，但要让眼睛的余光遍布它的周围。将你所有的力量用于"看"这一动作。多做几次，适当休息，不要让眼睛疲劳或紧张。

练习10

你可以现在就想象出某种情绪，并表现出来，然后试着尽最大的努力通过你的目光来表露这种情感。例如，浓厚的兴趣——让你的眼睛中闪出兴奋的光芒；尽情地欢乐——让你的眼神焕发出欢乐的光彩，但不要只是像小丑那样露齿傻笑；强烈憎恶——生气地瞪着墨水瓶，眼中憎恨的目光足以覆盖墨水瓶黑色的外形。就这样来练习各种情感的目光表达。

天天重复这一练习，坚持数月。这样做是值得的。一段时间之后你就会发现你拥有一双绝妙的眼睛，并且你的自控力也随之增长了。

一旦你掌握了将精神的力量投入到"注视"之中的诀窍后，要坚持尽可能地以这种充满力量的目光来注视你所遇到的人与事物。养成这样一个习惯，也就是将全副思想投入到看物体的眼神中，而不是简单地将目光投到物体上，并且要清晰地意识到自控力的存在。换言之，要将直接的、有穿透力的注视培养成一种习惯，同时空洞和不礼貌的眼神一定要避免出现。

一般小孩在对某个东西产生兴趣时，其眼睛会炯炯有神，充满了灵性和活力，像磁石一样具有魅力——除非他还是一个被抱在臂弯中的婴儿。处在孩童时期的人的眼睛常常是如此不可思议，似乎有一种能让罪人感到心灵不安的神奇力量，这种奇异的力量简直让人百思不得其解。4岁的孩子、慈爱的母亲、公正的法官，都有一双坦率而有力的眼睛。因而，这样的双眼拥有两大奥秘：正直与诚实。

至此，我们已经掌握了将思想投入到视觉行为的艺术，并且懂得了如何让自己的目光表露出一片坦率和诚实，我们还要注意观察、辨识、熟悉你周围的各种事物，以及你所经过的大街小路上的一切。

培养敏锐而准确地观察事物的习惯

据说一个旅行者在西伯利亚发现，那里的人们可以用肉眼看到围绕木星转动的卫星。而我们许许多多的人却漠视他们一生中每天都经过、看到的许多东西。一双在自控力量支配下的眼睛，就如一位严厉的管家，监管着生命的种种价值。勃朗宁用美丽的诗句揭示了这一富有哲理的象征：

德国人勃姆从不留恋草木，
直到有一天一次偶然的散步，
他一瞬间发现树木也巧善言辞，
它们与他亲密交谈，
那一天，真的，野菊花长出了眼睛！

比如，某个人在面对面试者时眼睛所体现出来的力量是众所周知的，它起着举足轻重的作用。下面这些建议将是十分有价值的：面试一开始，你要注意的最重要的事项之一就是，大大方方地看着对方，目光要坚定、平直而富有吸引力。在谈话过程中，你可以改变目光的投向，但是当你提出建议、陈述观点或提出要求时，当你希望某种想法给对方留下深刻印象时，你必须直视他的眼睛，目光坚决、稳定、富有吸引力。切记，用率直的眼光去凝视，就能达到心理的胜利。现在你就能发现一条重要的规律：任何一种感觉器官的运用，其效果直接取决于你投入意愿的质和量。

如果一个人对自己的眼睛说："我一定要提升自己的自控力！"他就一定能将目光练习得正直而稳重，并且充满了激情与活力。

第十章 听觉练习——发掘耳朵潜在的能力

如果一个人听得见所有声音，
就等于听得准确吗？
他是不是用心区分了声调、特征和方向了呢？
对耳朵的控制能力，
反映了高层次的自我引导行为，
一双善于倾听的耳朵，
使你在精神的世界更加自由地飞翔。

我曾经有机会多次观察他（桑德森博士）特有的行事方式，看他是怎样实现自己的想法、获取想要的信息的。我注意到当他受邀访问某处时，总是沉默不语，他能利用各种声音估算房间的大小，通过听到的嗓音判断人数。他的感官分辨力极为敏锐，记忆力十分持久以致几乎不会弄错什么事情。据说他与某人初次见面后，即使两年多不见，再会时他也能仅仅通过听到这个人的声音一下子认出他来。

——《曼彻斯特哲学备忘录》

最佳的倾听方式就是用心来听

“啊，秋天里就传来了冬天的第一声预告，在某一个早晨，成年的雄鹿用它的脚，在薄脆的冰面上开一个饮水的小洞，那覆在池塘上的薄冰，顷刻松散开来，化作一道细微的冰屑，隐没在翻腾的水花里。”如果你能够从勃朗宁的诗句中看到那美丽的图像，那么你大概也能听到诗句中的旋律。

我们暂且不谈天生的缺陷，一种感觉能力的改善往往能帮助其他感官的发展。当眼睛开始注意一样东西的时候，耳朵常常紧随其后。这是最初的沟通。可是，你用心倾听过这个世界吗？你听得准确吗？你听到了你想听的东西了吗？

空气的振动产生声音。人的耳朵对于这些振动的接收能力是有一定限度的。在这样的自然限制中，一个人能发出的声音越多，他的听力就越好。而失聪则是由于耳朵的缺陷和大脑的病变造成的。

假使一个人听得见所有的声响，那么，他就必然能听得准确吗？他是不是一直都在用心听呢？他是不是用心去区分了声音的语调、特性和方向了呢？在这个方面，天赋的不同和所受教育的不同会带来差别吗？是不是两者都会产生差别呢？有可能教育确实起到了很大的作用，因此，对于耳朵的练习的价值是显而易见的。

如果想要把某个声音听得真切，就需要排除其他的干扰声音，同时以极大的兴趣去接受某种声音、和弦或者音乐。所有这一切，其实都取决于人的精神的投入。一个神经活跃、敏锐的人能听得到所有的声响，而一个愚钝麻木的人几乎什么都听不见。

我们也可以通过自控力来关闭听觉。也就是说，对于某种声音而言，听觉之门是紧闭的。当然，自控力也可以使听觉更加敏锐——“听见很远的地方有只小鸟在歌唱！”和“嘘！屋里有强盗！”

对于听力的矫正和培养首先是一个自控力的问题，必须要有持久的自控力。对于耳朵的控制能力在一定程度上反映了某些高层次的自我引导行为，而受过教育与陶冶的心灵就能乘着有力的翅膀，在和谐的领域中自由地飞翔了。所以，最佳的倾听方式就是要用心来听。其他条件都相同的情况下，一个最用心的人听得最全面、最准确，并且其鉴别能力最强，注意力也最集中。

培养敏锐的听觉的10种练习

下述练习的目的，是为了通过对听觉的练习来培养你的行为能力，并且以此来增强有效的自控力。

练习1

你可以数一下，如果你注意倾听，你能听到多少种声音。

认真听，努力区分它们不同的方向、不同的声源、不同的声调、不同的声强、不同的特性、不同的组合。用10天的时间来重复这一练习，其间休息两天，在第10天看一下你所取得的进步。

练习2

选出其中一种比较明显的声音，仔细倾听，看你能对它做出多么详尽的描述。

每一天重复练习10次，然后再换一种声音。每天都重复这些练习，坚持10天，其间休息两天，在第10天看一下你所取得的进步。

练习3

选出一种你能够听到的最微弱的声音。在这个过程中，试着找出一些你之前未曾注意到的某些规律。注意一下你能对它做出的所有描述。

每一天重复这一练习10次，再换一种声音为目标。每天都重复这些练习，坚持10天，其间休息两天，在第10天看一下你所取得的进步。

练习4

选出一种有规律的、你经常可以听见的声音。然后，只注意留心这一种声音。沉浸在这种声音中，专心致志地倾听。注意它有多少值得描述的特征。

每一天重复这一练习10次，再换一种声音为目标。每天都重复这些练习，坚持10天，其间休息两天，在第10天看一下你所取得的进步。

练习5

选出一种你一直听得到的并且最令你愉悦的声音。想一想它如此美妙动听的理由，但不要陷入迷幻之中！

每一天重复这一练习10次，再换一种声音为目标。每天都重复这些练习，坚持10天，其间休息两天，在第10天看一下你所取得的进步。

练习6

静下心来，仔细倾听一首由手风琴奏出的一段旋律。然后，试着完全凭借记忆在脑海中回顾一下这段旋律。

刚开始时，你可能只能记起一两个音符，而忘记了大部分。然而，如果你坚持这样的练习，渐渐地，你就能将一开始所遗忘的曲调在脑海中复原。本书的作者就经常这样在脑中重现一段音乐。把这个练习作为你经常性的功课。

练习 7

你可以请别人在一旁敲击钢琴的琴键，一个接着一个，这时你不要看弹奏者，而去努力辨别各种声音，是尖锐的还是平缓的，辨别它们在键盘上的位置以及各个音符的名称——重复练习听两个键，单手敲击；重复练习听四个键，双手敲击；重复练习听完整的和弦，单手弹奏；重复听完整的和弦，然后用双手弹奏。

你一定要一直坚持上面这种练习，直到你发现自己在听觉的方位性和准确性方面以及对听觉的控制能力方面都取得了长足的进步。不要在练习中因为困难而失去信心。你的目标是锤炼你的意愿。下定决心坚持到底。胜利的彼岸就是坚强的自控力。做任何事都要全身心地投入。所有这些对耳朵的练习都要用心去做，投入很强的自控力，根据不同的情况注意倾听所有的声音或一种声音，或者什么声音都不听。但要注意把自控力贯注于你的每一次练习中。

如果想要把某些声音排除在注意之外，你就常常需要自控力的协助，它或者将声音隔绝在你的心门之外，或者控制你的神经忽视这种挥之不去的声音。如果能做到这一点，怎么会实现不了对耳朵更有效、更有意识的控制呢？

当然，你的听力也许确实存在某些问题，但你可能并没有意识到这一点。问题可能就出在你缺乏敏锐的注意力。为了探明真正的原因，建议你进行以下的练习。

练习8

选择一个寂静无声的时间，右手拿一只手表并张开手臂，使手表距离右耳一臂之遥。你听见“滴答”声了吗？没有？慢慢地将手表移近你的耳朵，直到你听见为止。

注意你开始听到滴答声的距离。记下结果，并且注上练习的日期。在练习的第一天重复10次。每天都重复这一练习，坚持10天，并进行适当的休息，在第10天看一下你所取得的进步。同时，再找几个人做同样的练习，看一看他们能在多远的地方听到同样一只手表的嘀嗒声。在练习的这10天当中，对左耳也做同样的练习，详细记录下练习的结果。如果你的听力没有提高，则可能是由于生来就有的某种局限所造成的。继续练习下去，直到你可以肯定你的听力无法提高。如果是这样，你可以向医生咨询。

当然，如果你的听力不如别人那么好，这也可能是由于天生的缺陷所致。找医生咨询一下才是明智之举。也许在你的生活中有某些声响无休止地传入你的耳朵，搞得你几近崩溃，到了神经衰弱或疯癫的边缘。你那亲爱的邻居家连续几个小时都不停息的钢琴声，他那只爱犬整夜的狂叫声，以及街头小贩此起彼伏的叫卖声，都是现代社会中惹人心烦的噪音。如果可能的话，你可以设法让这些声音停下来；如果无法办到，那么，你就一定要把它拒于千里之外。

练习9

选出一种特别令你讨厌而又时常侵扰你的声音。现在，凭着你的自控力以巨大的努力将注意力转移到其他的声音上，从而将你希望驱逐出去的那种噪音排除在你的意识之外。让这一努力持续5分钟。不要灰心丧气。你可以排除它的，只要你下决心去做。5分钟以后，休息一下，不要再去注意那些声音了。然后重复练习，这一次你可以坚持这一练习10分钟。共用半个小时来进行这一练习。而每次都将隔离噪音的时间延长几分钟，中间稍做休息，让注意力转移到其他事物上。

在这项练习中，你可以改变一下你排除噪音干扰的方式，比如，努力将注意力集中在一些美好的想法上。不要老想着把噪音隔离在耳朵外面，而要让自己有意识完全地沉醉于另一种声音或其他念头中。多次重复这一练习，直到你能够控制这一切。

练习 10

想一段特别舒心的旋律、一个美好的想法、一段愉快的经历。不要太刻意去做，放松一些。

当夜晚来临的时候，如果你讨厌的噪音出现，你就不要去想它们。无论如何，坚持告诉自己不去在意它们。你可以在脑海中回想一种声音，这种声音与打扰你的那一种完全不同，让它在你的脑海中回荡。注意：它是有一定的规律性和节奏感的。想象一座大钟所发出的响亮的“叮当”声，一个老式的水轮单调而低沉的转动声，或者海边一阵一阵的浪涛声。它们是不是富有节奏的韵律?

切记，总是不能平静地对待讨厌的声音，只会增加它对你的干扰力。对一只汪汪乱叫的狗发火，会使没有自控力的人更加紧张。对于其他令人烦扰的噪音而言也是一样。自控力在控制它们的时候，自控力本身也在增长。自控力的增长来自于明智的练习。因而在练习中贯穿这样一种想法：“我决心树立自控力！注意！”

我们大家都知道一个事实，那就是盲人的听觉是十分敏锐的，可能正如心理学博士海茨菲尔特所说：“并不是因为他们的听力比我们好，而是因为他们的不幸使他们不断练习自己的听力，事实上我们任何一种机能在经过练习后都会有显著的进步。”

只倾听和谐美好的声音

如果一个人的精神过于集中，就会对周围的一切全然不知，这可以用神学家托马斯·阿奎纳身上发生的一件事来说明。他多次被邀入王宫与国王共进晚餐，有一次，当他坐在餐桌旁的时候，忘记了自己在做什么，完全沉浸于对一个神学难题的思考中，而这个问题已经困扰了他很久。突然间他用拳头敲着桌面大叫起来："我明白了！"很显然，他只想着这个问题，对于周围的一切，他都不曾看见和听见。

当人的大脑习惯于从事某项工作时，就可能会只对这项工作的指令有所反应，而其他的指令都被忽略了。所以，一位睡得很沉的电报操作员不会被一般的敲门声所吵醒，但一听出他所在电报局的名字，他立刻就醒过来了。据说一位消防署的署长在睡着的时候根本听不到孩子的哭喊。但对铃声却十分警觉。有时，哨兵即使睡着也能在他的辖区中巡逻；战士们也会在睡眠状态中行军；骑士们尽管身体处于睡眠的休息状态，但还能引导他们的马前行。类似的例子都反映自控力的支配作用。如果是这样，那么听觉以及其他所有感觉器官都能由自控力很好地加以控制。任何感官的效率都取决于引导它发挥作用的精神力量，精神力量的强大与否，直接影响着你感觉的质量。

"我们并非只有在清醒的时候，才能辨认出周围的一切，因为实际上，我们的脑海中已存在着对它们的记忆或印象。"爱德华·卡本特在《创造的艺术》中这样说道。这说明对事物最粗略的观察也须有一个先决条件——知道要看什么。如果莫名其妙地让你在某幅图画中找出四只猫，或者在一堆树叶中找出那只山鸡，谈何容易；而如果你的脑海中已经有了一幅所寻之物的清晰图像，这时一切都会变得非常简单。一个沿着乡间大路行走的城里人不会注意到一只野兔正在远处的田间静静地望着他。即使乡下人已经很详细地指明给他看，他还是看不到，因为在他的脑海中没有这样东西的形象。

向一个不知道星座为何物的人解释星座的分布是非常困难的。因为天空原本只是繁星的集合，是人脑将它们区分成各种形象。同样，从悬崖向下望海面，为什么我们将海浪分隔成一波波的“波浪”呢？它未曾真的被分隔开，没有人能说出它从哪里开始又在何处消失；它只是大海的一部分。它并不是一波，它是千千万万的小水滴，而这千万的小水滴也时刻在变化、在运动。但为什么我们会将它分离出来称作“一波又一波”呢？因为人们观察事物总是有一定的方式，有一些已存储在脑海中的概念，它们在各种情况下帮助我们决定看到些什么以及怎样去看，因而自然界的一切都在人类的大脑中被加以分类和整理；在我们看来，哪怕在进行最简单的辨识和感知时，这一点也是确确实实的——没有它，人们在对事物加以选择、补充、对比、促进的过程中，就不会有区别和感知。

既然这种说法是确定无疑的，那么要拥有一个美好的世界——以你的选择和思想感受构筑起来的世界——就得依靠你自己。如果你处于和谐状态中的感觉意识越深刻、越丰富，那么所有感官带给你的感受就会越广阔、越精彩。这就意味着你应该致力于培养尽可能美好和谐的多样化的精神生活，还应该练习各种感觉器官，通过它们，你可以最大限度地汲取生活的经验，并且最大限度地将自己融入生活和自然。

如果你有这样的信念和心境——

现在，我正清醒地感知与这个世界密切联系的自我、感知当前的声音和景象，我凝神于所有的领域，将自己全身心地投入，从中获取源源不断的价值。

这时，你会发现你对生命的感知、对世界的感知、对精神的感知，都变得更为广度和有深度，并且更加有力，而这对你将是受益无穷的。

我在这里想向大家介绍一个非常有用的练习方法，尽管它不仅仅和声音有关。这种方法由莱伦德创造：

“如果有什么事需要你用意愿或决心去完成的话，无论是承担一份令人厌恶或难度很大的工作，或者是与一个难相处的人打交道，还是要做一次演讲，或是要对任何一种东西说‘不’，在你睡觉前就下定决心，尽量平静一些，不要思虑重重。不要想着一定要义无反顾地、强制性地完成它，不顾一切障碍与困难，而仅需镇静地拿定主意去做——这样更有可能做成。并且千真万确的是，只要你锲而不舍，那么将会鼓励你以轻松的方式来对付突如其来的冲击，并最终会看到令你大受鼓舞的结局。”

你可以这样将它运用于感觉的引导中：平常在临睡前，在你潜意识中印入这样一种想法——你希望人生更有价值，希望外面大千世界留在你脑海中的印象能让精神生活更加丰富。充满信心地期待着你的听觉、触觉、视觉，能给你的脑海储存更广泛的知识、经验和更多思考的素材。你要使你的仆人（各种感官）联合起来，将它们的能力发挥得淋漓尽致，把它们所创造的一切价值奉献给你，你就是它们的主人。

第十一章　味觉练习——用舌头品味生命的美好

让注意力集中于味觉中，
让自控力存在于味觉中，
舌上敏感的神经，
连接着大脑和妙不可言的领域。
生命的果实，
等候我细细地品味。

德国生理学家瓦伦丁能尝出稀释了十万倍的奎宁溶液的苦味。“味觉是可以培养的。就像专业的茶叶品尝家在电视节目中展示的那种敏锐的味觉那样，即使在模糊的潜意识状态，味觉也可以保持准确无误。”

——《心理学》

舌头不仅仅能让你感觉味道

玛丽·威顿·卡尔金在《心理学入门》一书中曾经有过这样的论述："如果让一个普通人说说他在宴会上吃到了什么，他可能会列出这样一个单子：大碗牛肉汤、烤鸭、土豆、洋葱、加了调味品的芹菜、桃片刨冰和咖啡。但心理学家马上就会做出判断：他列举出来的味道中有几种是复杂的混合感觉，是由多种简单的味觉因素组合起来的。

"心理学家对各种味道进行区分时，他会选择一个没有嗅觉的人来当实验主体；然后把实验主体的鼻孔封闭起来，从而消除他的大部分嗅觉感受；而且他会将实验主体的眼睛也蒙起来，不让他看到所品尝的东西。递给他的这些食物，冷热都是相同的，固体会被精细地切碎，这样它们就无法从外表形状上被区别开来了。

"我们可以通过实验对此进行检验，按照我们的要求而进行的实验得出的结论如下：当实验主体被蒙上眼睛，无法闻到气味（没有嗅觉）时，他就无法仅通过品尝而分辨出清炖鸡汤、牛肉、土豆、一种未知的甜味物质、一种与厚重的油料拌在一起的未知物质、一种甜的未加料的东西以及一种微苦的液体——例如奎宁溶剂。而一个正常人若被蒙上眼睛但允许闻到气味，则能够辨别出洋葱、桃子、咖啡，通常还能辨认出橄榄油，但可能混淆牛肉和鸭肉；而无法闻到气味的实验主体则无法辨认出未被腌渍过的牛肉和鸭肉是荤还是素。

"我们所了解的各种不同的味道是由复杂的经验感受组合起来的。它是由气味、运动肌的感觉、压力、痛觉、视觉、味觉因素组成的，其中味觉因素所占比例比我们通常所想象的要少得多。在鸡蛋、牛奶、水果、葡萄酒、洋葱、巧克力、咖啡和茶这些东西的'味道'中，气味是一个很重要的因素。当气味因素被排除在外时，茶和咖啡实在是难以与奎宁相区别的，而茶和咖啡有所区分也仅仅是因为有一点点的涩味，这种感觉之所以与众不同，是因为茶对舌头的刺激比较强烈。

“我们可以大致将味道分为四种：甜、咸、酸、苦。但是，很惭愧，我们对于刺激产生味觉的了解，竟大大少于对复杂难解的生理器官的认识。化学性质不同的物质甚至可能会引起同样的味觉，比如，糖与醋酸盐给人的感觉都是‘甜的’。因而，也许只能做这样一种猜测：液状物对味觉的刺激比较大。如果舌尖被小心地弄干，那么对置于其上的糖晶体就感觉不出任何味道，直到舌头又变得潮湿而将它溶解时，才会有味道。”

通过上述这些实验与研究，我们可以对味觉有了一些粗浅的了解，这一过程中需要有集中的注意力、强大的辨别和判断能力。而这一章的练习从最终的目标来看也正是这样一些内容，不仅如此，这些在一定指导下进行的练习还会使你更了解自己，而且能拓展你的意识领域，提高你的自我控制能力。

舌头能够辨味，而且能够感觉。触觉常常会与味觉混淆在一起。可以举一些日常的例子来说明。人在患重感冒期间，舌头虽然对物体有知觉，但却食之无味。含氧量很高的水给舌头以清新的触觉或感受。胡椒的刺激会令舌头冒火。一些很甜的东西吃起来有滑溜溜的感觉。在品尝过较热的东西后吃冷食，就不太容易辨出冷食的味道。喝冷水时凉爽的感受主要来自于触觉。温热的咖啡不是那么可口是因为它失去了热气中的浓香。

切记，只有充分感知外面的世界，才能产生伟大的思想。

培养敏锐的味觉的8种练习

练习1

找来一片明矾，然后用舌头轻轻碰触一下。现在，试着从自己的感觉中区分出它的味道。用其他有些刺激味道的物体来重复这一练习。

每天都这样重复练习，坚持10天，其间休息两天，并在第10天看看你在味觉上所取得的进步。

练习2

用自己的食指和中指把你的鼻子捏紧，然后用一些有些刺激味道的东西来碰触舌头，试着去感觉一下它的味道。

味道是真实存在的呢，还是想象中的呢？用多种类似的东西来重复这一练习。每天都这样重复练习，坚持10天，其间休息两天，并在第10天看看你所取得的进步。

练习3

把一粒小小的胡椒放在自己的舌尖上。试着从刺激的感觉中辨别出它的味道。换另一种“烧”舌头的东西来试一试，两者有什么区别吗？

每天都这样重复练习，坚持10天，其间休息两天，并在第10天看看你所取得的进步。

练习 4

把一点白糖或糖精放在舌头上，试着辨别一下最先感受到的是滑溜溜的感觉，还是甜滋滋的味道？

每天都这样重复练习，坚持10天，其间适当休息，在第10天看看你所取得的进步。

练习 5

在两个装满水的水杯中放入等量的糖，让一个朋友在你看不见的情况下，将极少量的奎宁或其他苦的物质放入其中一杯。现在尝一尝，注意一下哪一杯水更甜一些，那么这杯水中就是放入了药剂的。

如果你尝不出来，那么“苦”的剂量可以一直增加直至你可以尝出更甜的味道。如果水一开始尝起来就是苦的，而没有在苦之前尝到甜味，那么实验就失败了。但不要灰心丧气，重复实验直到取得成功。每天都这样重复练习，坚持10天，其间适当休息，在第10天看看你所取得的进步。

练习 6

你可以凭借记忆想一下下面各种东西的味道：糖、柠檬、奎宁、洋葱等等，要非常的逼真，像在现实中尝到的一样。注意一下你是否对一种东西的回忆比对另一种更为真切？这种记忆中的味道是具体的呢，还是抽象的？记忆是储存在脑海中呢，还是储存在舌头上？

现在想着舌头，试着将记忆中的感觉从过去所有的经验感受中分离出来，只强调舌头的感受。那确实比较难，但是你可以做到。每天都这样重复练习，坚持10天，其间适当休息，在第10天看看你所取得的进步。

练习7

你可以找出6种有芳香味道的东西和6种味道非常可口的东西。将它们组合起来配成对——一种有香味的东西与一种有味道的东西组合起来，直至将它们全部如此配对。取出一对，对比一下气味和味道给你的感觉。

注意一下它们的相似与不同。将每一对都这样重复来进行对比。用带点香气但不是芬芳的东西与味道不是很可口的东西配对来重复这样的练习。现在注意一下，在所有这些配对的物品的测试中，什么时候在脑海中留下的印象更深呢，是气味的感受更为强烈时，还是味道的感受更为强烈？再注意一下，不同或相似的感觉是在第一组的6种物品（芳香的与可口的）中，还是在第二组的6种物品（带点香气的与不是很可口的）中更强烈一些呢？为什么会出现这种情况？每天都这样重复练习，坚持10天，其间适当休息，在第10天看看你所取得的进步。

同样的饭菜、同样的饥饿程度，为什么自己一个人吃时的味道要比与好朋友们一起享用时的味道差很多呢？如果情况不是这样，那么显然你需要在社交方面补补课。对大多数人而言这是事实。同样的眼睛、同样的鼻子、同样的嘴巴，但是这顿饭在后一种情况时的色、香、味却都更棒了。这是想象力的作用吗？还是因为在朋友们的激发下，各种感官之间能够达到完全的相互协调呢？好的眼睛、好的鼻子、好的嘴巴，构成了进餐时三位一体的美妙组合。然后，再加上好的心情和愉快而积极的精神，这时你就会发现自控力在视力、听力、味觉方面发挥了巨大的作用。

你可以在与朋友们共进晚餐的时候，拿本章的练习作为你们谈话的主题，同时，还可以进行一些与味觉练习有关的实验，比如说，如何才能以愉快的方式来用餐。

人有一种特殊的天赋，即能将思想任意地投注于身体的某个部位或者将它从那里召回。在某些情况下，我们所指的就是“注意力”，在另一些情况下，它指的是撤离注意的能力。比如，品尝某种东西或者嗅嗅某种气味，任意地抓住一种感觉，现在，下决心努力凭记忆回想起另一种不同的感觉，它必须要非常的逼真，以便将先前的感觉从脑中驱除。

练习8

闻一闻玫瑰花，然后使劲地想洋葱的气味。在想这种蔬菜的时候你必须完全将花朵忘却。或者，尝一点点的糖，然后唤起对苦艾草的记忆，从而将刚才的感觉抛诸脑后。也许这些感觉会有所交叉。或者，闻一闻石竹，然后努力地想胡椒的滋味来忘却石竹的气味。或者尝一尝明矾，然后非常努力地回想氨水的气味来除却前一种感受。

每天都这样重复练习，坚持10天，其间适当休息，并在第10天看看你所取得的进步。

一定不要忘记，转移感觉只不过是注意力的另一个名字——从一个领域中转移出来而集中在另一个领域中。任何一个人，只要明智地、巧妙地将注意力集中于眼睛、鼻子、嘴巴，就会进入一个充满欢乐的全新世界，并获得新的防护来抵御不悦的侵袭。在对你的味觉进行练习的过程中，你的自控力始终都发挥着非常重要的作用。

第十二章　嗅觉练习——掌握控制嗅觉的方法

赐给我一个长着大鼻子的人吧！
在我的观察中，
我发现有着长长鼻子的人，
总会有一个聪明智慧的脑袋。

在斯图亚特先生对聋哑失明的詹姆斯·米切尔的描绘中，这个不幸的人主要依靠他的嗅觉生活，他可以用鼻子闻出陌生人的到来，还能准确说出这个陌生人所在的位置，根据著名的盲人哲学家莫尔斯的回忆，米切尔甚至能通过气味辨别出他的朋友身穿的是黑色的衣服。

——托马斯·C.奥普汉姆教授

学会用思想控制你的嗅觉

嗅觉能形成一个人记忆中最强有力的部分，但是它显然被严重忽略了。当被忽略的器官得到完善时，思维能力能够得到极大的锻炼。威廉·马修博士曾经有过这样的论述："从古至今，长着一只大鼻子的人是一直都受人尊敬的，而一个有着小气的鼻子的人则会受人藐视。罗马人喜欢像恺撒一样的大鼻子。一个很有意义的事实是拉丁文中的同一个词：Nasutus，既表示大鼻子的意思，也同时表示敏锐或聪明。这些杰出人物都有适于用力呼吸的鼻子而受人尊重。"

在当今社会，敏锐的鼻子依然像古代一样受人崇尚和敬仰。

我们可以像培养其他能力一样培养嗅觉能力，这可以从大猎犬的例子中得到印证。在这一目标的指引下，经过特殊的练习，敏锐的嗅觉就会拥有无与伦比的能耐。那些经营茶叶、咖啡、香水、葡萄酒以及黄油的人，常常可以在他们的行业中培养出惊人的嗅觉能力。然而大部分人的嗅觉受到的锻炼是很少的。根据詹姆斯的发现，嗅觉实际上能形成一个人记忆中最强有力的部分。

我们的嗅觉很明显被大大地忽略了。这一点可以从给气味命名的事实中看到，各种气味的名称几乎全部是随兴创造，或是通过有关的联想而引发出来的。嗅觉的锻炼只有在药剂师或香水制造商那里才可以算是名副其实。药剂师并不能识别其店铺的气味，然而当他走进另一家店铺时，他可以通过鼻子觉察出气味的异同。而香水制造商也要依靠其敏锐的嗅觉神经为生。胶水制造商以及肥皂加工，尽管职业有所不同，但也一样以此来谋生。

现代科学对于气味的了解十分有限，甚至于我们给予气味的名称也是借用来的，通常是根据碰巧提到的事物来给气味赋予名称，有时甚至是从它们所引起的情感反应来指代它们。因此，我们对一些气味的了解仅限于好或不好，也就是说，令人舒服或不舒服。最多我们也仅仅能说出“芥菜香味”或者“煤油气味”等，除此之外就没有更加确切的说法了。这种杂乱无序的状态主要是因为气味在我们的文化生活以及艺术生活中受到了严重的忽视。

确实，很多气味的感觉如同味觉一样，显然是一种复杂的感觉，除了嗅觉之外，还包含有味觉以及视觉的感受。因此，闻氨气等刺激性的气味时也会具有直接接触的性质；而闻酸奶气味时的体验可能也是因为酸奶中的微粒通过鼻子进入了喉咙而产生的。

对气味最合理的分类方法是荷兰生理学家泽瓦德马克依据瑞典博物学家林奈的分类方法而进行的分类。这些气味就如我们在大自然中所接触到的一样。

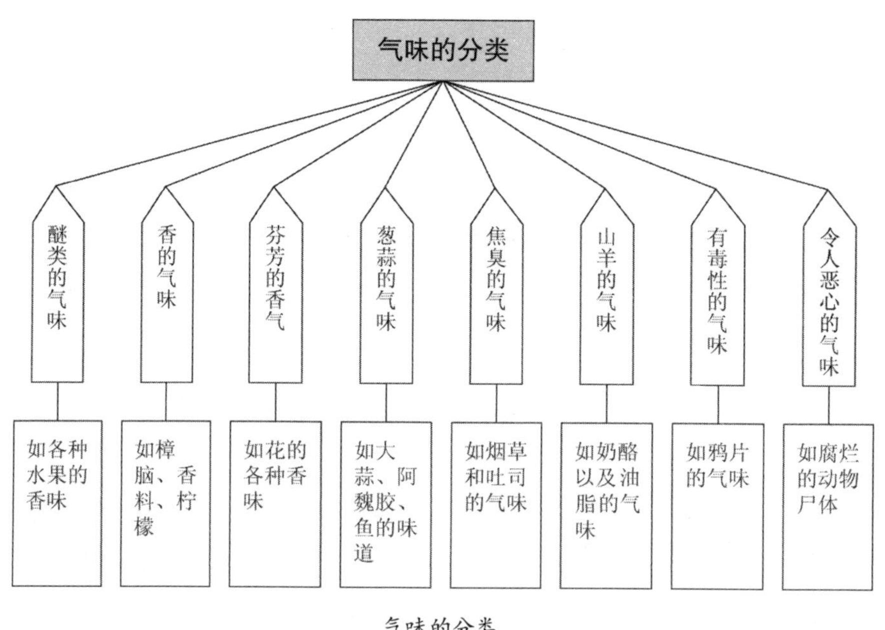

气味的分类

有些气味，我们非常熟悉，却无法叫出其名字，科学家们也曾试图把气味分解为几种来源，但嗅觉常常和味觉、触觉混淆不清。不过有一点是肯定的，那就是我们的嗅觉器官内部具有非常精巧的结构，不同的部分有着不同的嗅觉功能，对不同的气味感受力也不同。

实验调查研究表明，一个人在不断地嗅闻碘酒的味道而弄得筋疲力尽之后，却可以像平常一样毫不费劲地嗅出乙醚油的气味，能模糊地辨别柠檬油和松脂油、丁香油的气味，但对普通的酒精味则一点都闻不出来。因此，很明显，嗅觉器官的不同部分是受不同的嗅觉刺激影响的，否则的话，鼻孔将会在同一时间对于各种嗅觉都感到力不从心。

现代科学对于嗅觉的发生过程知之甚少。但有两点可以断定。第一，嗅觉的刺激物通常都是气态，而非液态；第二，几乎可以肯定的是，嗅觉末端器官的刺激是物体的分子而非原子的作用。因此，结合生理和物理上的过程，我们可以认为，某种气态的微粒将呼吸带入鼻孔，从而刺激到带有黏膜上的细胞，这些刺激所引起的神经脉冲会被嗅觉神经传送到大脑的脑垂体。

我们可以通过思想来控制嗅觉神经的活动，也就是通过意愿的力量来控制。如斯科里普彻教授所提到的一样："利用纸做的管子让不同的气味分别通入两个鼻孔中，我们完全可以只嗅到其中一种气味，只要我们心里运用自控力想到它就可以做到。"如果有兴趣，不妨自己试验一下。

培养敏锐的嗅觉的5种练习

练习 1

摘一朵芬芳的花朵，仔细闻它的气味。在房间里行走一会儿，远离花朵。这时回忆其气味是什么样的，有多强。摘取另一种不同香味的花朵来重复这一练习。

务必注意让鼻孔有充分的休息，否则对气味的感觉就会混淆在一起了。每天进行一次这样的练习，至少10天，其间休息2天。最好能坚持下去，直到你确定无疑地注意到嗅觉的敏锐性提高了，大脑描绘嗅觉或气味的能力也增强了。在第10天的时候，看看你所取得的进步。

在上面以及下面将要提及的练习中，强有力的意愿必须与你形影不离，使你的精神集中在鼻子上。

练习2

你可以摘两种不同的花朵。闻其中一种花的香味，然后再闻另一种。这时努力地回忆前一种香味，然后再回忆后一种花的香味。然后试着对两种花的香味进行比较，注意两者的区别。

每天重复这一练习，坚持10天，在第10天的时候注意嗅觉有所改善的情况。

练习3

保持端正的坐姿，缓缓地吸气，试着去一一指出所觉察到的所有气味。真的有这种气味吗？它从哪来的？让你的朋友在房间里藏一些有香味的物体，如一些桃子或是一瓶打开的香水。最好你是在另外一个房间里，这样你就不知道所藏的物体及其位置了。

进入房间，然后努力依靠嗅觉来找出这一物体。注意必须把所有其他气味浓烈的物体清除出这一房间。

每天练习，坚持10天，在第10天的时候，注意嗅觉有没有改善。

练习4

你可以请你的朋友提供帮助，让他在手上拿着一件有香味的物体而不要让你知道是什么，他拿着这一物体离你有一定的距离，两手放在一起握紧它，然后逐渐地靠近你，越来越近，直至你能觉察到香味为止。注意一下此时距离这个物体有多远。你能够说出这种气味吗？你能够说出是什么物体吗？

重复这一练习并有间断性地休息一会儿，用不同的“可以闻得出来”的物体来反复进行这一练习。你有没有发觉某些香味相对于其他的香味需要在更短的距离时才能觉察出来？这是因为香味的浓烈程度不同的缘故，还是由于香味本身的特性所致？每天重复这一练习，坚持10天，其间休息两天，在第10天的时候，注意嗅觉有所改善的情况。

德国思想家洪堡声称秘鲁籍的印度人可以在漆黑的夜里分辨出非常远的陌生人是印度人、欧洲人还是黑人。撒哈拉沙漠的阿拉伯人可以通过嗅觉来辨别出40英里外的火堆。人类嗅觉的潜力真是太大了！

练习 5

在你的生活中养成想象花园、田野或树林中令人愉悦的香味的习惯。比如，新割的草、刚翻过的土地、花朵的香味。这种习惯将为你打开新世界的大门，提升你的注意力，并且逐步提高你的意愿。

对于五种感官中的任何一种，我们都可以在现实世界中不断地强化其能力。对任何一种感官的深刻印象都可能演变成为生活中的一些重大事件。高质量的生活会给予嗅觉更重要的意义。

我们可以通过不断的练习，提高感觉器官的感知能力。它的价值取决于你付出了多大的努力。这些练习会使受到忽视的感官得到培养，并且将培养一种足以令你感到惊奇的注意力。而从更深层次的意义上讲，就是意愿的力量，这也是我们最终的追求所在。我们必须时时刻刻用意念来控制它，在做任何动作的时候，都要保持强大的自控力。

第十三章　触觉练习——通过练习触觉来发展自控力

请不要让任何东西控制你的触觉。

被不好的感觉左右，

意味着你的思想的弱小。

真正强大的精神与思想是能够驾驭恼怒与嫌恶的。

对反感的驱逐表明了自控力的增强。

从感官能力的角度来看，最可靠的就是触觉了。在许多方面它都算得上是占据主导地位的感觉。

——诺亚·波特

所有感觉都是触觉的修正和延伸

狄摩西尼曾经说过这样一句名言：“人类的所有感觉都是触觉的修正和延伸。”触觉是皮肤对外界刺激的真实感受，是我们最熟悉的感觉之一。

通过科学实验我们发现，皮肤上的某些点对于冰冷物体的刺激特别敏感，而其他的一些点则对热的物体特别敏感。我们平常对于冷暖的感觉就取决于这样两类点受到复杂刺激后的综合感受。皮肤上还有别的一些点，如果它们单独地受到刺激，就会使我们产生接触感或压力感。此外，由于皮肤受到刺激的时候，还会明显地伴随着其他器官的刺激。于是就产生了复杂的感觉，使我们对坚硬或柔软、粗糙或光滑、干燥或温润的种种物体能有所体验。

还有一些与触觉相关的其他现象值得我们注意。触觉产生的感觉强弱可能很分明，这与注意力的集中程度密切相关。比方说，我们通常不会感觉到自己身上的衣装，然而一旦我们想到这一问题，这种感觉就变得十分清晰了。如果衣服不是很合身，神经系统就可能会促使你时不时地扭动身子或做出其他不自然的动作。许多孩子的习惯动作就是以这种方式形成的。同样，如果你身体感觉非常痒，你很难睡得着。

那些称自己为“聪明的商人”的大傻瓜，每次吃饭都是狼吞虎咽，8分钟就完事，既品尝不出，也感受不到食物的香味，直到最后患了消化不良症。那时，食不甘味的痛苦感受就会长期影响他不幸的生活。还有一些愚昧的人习惯于冬天喝酒来取暖，夏天借酒来消暑；结果这个能给他御寒消暑的秘诀使他渐渐失去清醒的感觉。在后来的日子里，他感到忽冷忽热，已被破坏的神经像一层衰败的薄纱一般，覆在他骨瘦如柴的身躯上。

完全投入到演讲中的演说者能很好地控制住自己的感觉，他既不会因为飞到鼻子上来的小虫而分心，也感觉不到自己的病痛。然而，当那位演说家不得不强打精神聆听另一个人的学术报告时，那鼻子上飞来飞去的小虫就会变成一种忍无可忍的骚扰，身体的疼痛就像受到难堪的审讯一样备受煎熬。同样的，当苏格拉底那凶悍的妻子出现在哲学界的讨论会上时，苏格拉底的智慧中强有力的世界就会消亡。

记住狄摩西尼的话："所有的感觉都是触觉的修正和延伸。"好好培育你的触觉吧！

执行任务的士兵常常注意不到自己的手臂已在激战中被炮火击中。如果你的房子着火了或者你正在骑马狂奔，你的牙就不会疼痛不堪了。如果感觉能在这些情况下被驱散或忽略，那么，它也应该能够通过自控力的作用而被感知与控制。因而，我们建议通过练习触觉来发展你的自控力。

培养敏锐的触觉的9种练习

练习 1

把自己右手各个手指的指尖轻轻地移过一个没有覆盖物的平面。先是粗糙的平面，然后再是光滑的平面。注意一下经过粗糙平面与光滑平面时的感觉有什么不同。

这个练习需要你很用心地去感受，因为这种区别是多种多样的。在几种粗糙的平面和光滑的平面上重复这一练习。一只手练习完后，换另一只手重复练习。注意一下其中一只手的感觉是否比另一只手的感觉更为强烈。现在，用布料来重复这一实验——亚麻布、棉布、羊绒织品、丝绸。每一种质料给你的感觉都是不同的。在练习中注意比较两块不同的布料给你的不同感受。丝绸给你的主要感觉是什么？亚麻布呢？棉布呢？羊绒织品呢？除了对各种布料的触觉外，还有什么其他感受吗？如果有的话，是舒服的感觉还是不舒服的感觉？那么，坚持摆弄各种各样的布料直到你能控制住不舒服的感觉。这是可以做到的，大百货公司的店员就能证实这一点。每天都重复所有上述的练习，坚持10天，在第10天注意一下你在触觉的敏感度、感觉的丰富程度等方面取得的进步。

练习 2

用手指轻轻地触摸没有覆盖物的桌面，让每一只手的手指都一个接一个地触摸桌面。这样做时注意一下你的手所能保持的稳定性。现在重复这一练习，但是在每个手指触摸时要施以强大的压力。轻触与重压的感觉有什么不同？

每天都重复这一练习，坚持10天，其间进行适当的休息，在第10天看看你在触摸区别能力上取得的进步。

练习 3

用手抓起一件非常轻的物品，比如一个橡胶球，在手中停留一瞬间就立即让它落下。再紧紧地抓住它，然后马上放开。你的各个手指能在最初的一瞬间就感觉到这个物体吗？还是在第二次抓取的时候才感觉到呢？不要弄错了。你留意到感觉上有什么不同吗？

发现这种不同就需要在自控力的支配下集中注意力，所以漫不经心是不行的。每天都重复这一练习，坚持10天，其间进行适当的休息，在第10天注意一下你在触觉区别能力与注意力方面所取得的进步。

练习4

用眼睛盯着任何一只手的手背。现在，将中指移向你，让食指交叉到中指的后面。当两只手指这样交叉的时候，将一支铅笔没有削尖的一端按在两个指尖的中间。注意：你觉得是只有一支铅笔还是有两支？闭上眼睛再来做一次。再感觉一下，是一支铅笔还是两支铅笔？这种欺骗性的感觉是在睁着眼睛时还是闭着眼时更为强烈呢？想一想为什么会明显感觉到有两支铅笔。

每天都重复这一练习，坚持10天，其间进行适当的休息，在第10天注意一下你所取得的进步。第一次做这个实验时如果是闭着眼睛的，你可能就会把铅笔按到无名指的一侧，用心思考，然后解释一下为什么会出现这个小错误。

练习5

合上你的眼睛，然后将几种物体随意地分散放在桌上。仍然闭着眼睛，用右手轻轻地抚过这些物体，试着估算一下各个物体之间的距离。不要用手掌或手指做测量工具。然后用左手重复这一试验。考虑这样一个问题：哪一只手的估计更准确？

每天都重复这一练习，坚持10天，其间进行适当的休息，在第10天注意一下你所取得的进步。

练习6

合上你的眼睛，然后让一位朋友将几样小东西一次一个地递到你的身前，但你不要把它们抓在手中，而仅仅凭触摸去感觉它们。现在，试着判断一下它们都是什么东西。例如，小洋葱、小土豆、花的球茎、干油灰、石蜡、糖、沙子、胡椒粉、盐。

每天都重复这一练习，坚持10天，其间进行适当的休息，在第10天注意一下你所取得的进步。

练习7

拿一些圆形的小物品，什么质地的都可以，比如木质的、铁质的，只要它们的大小完全相同但重量有少许差别即可。比如有两粒是1盎司重的，两粒是1.5盎司重的，两粒是2盎司重的，以此类推直到12粒。只在颗粒的一面贴上或是写上它的重量。将它们杂乱无序地放在桌上，让未作标记的一面朝上。闭上眼睛，随机抓起一粒，然后用同一只手再抓一粒。凭感觉来判断一下，这两粒的重量是不是一样的。每一次试验都估计一下所抓取的颗粒的重量。再换左手试一下。然后用两手分别抓起一粒来重复这一试验。

多次重复上述的几个试验。每天都进行，坚持10天，其间进行适当的休息，在第10天注意一下你在判断能力上所取得的进步。

练习8

拿24个小的木质仿晶体模型制品。将它们都散落在桌面上。闭上眼睛，抓起一颗放在手心，摸一摸感觉一下，在脑海中想象出它的样子。特别注意它的面、线、角。现在睁开眼睛，看看想象中的形象与现实的差别。

这个练习会比较难，因为你对晶体的形状不太熟悉，而只能靠触摸来判断。因而，为了减轻难度，你可以多看几个这些晶体模型，直到你能够闭上眼睛将所观察到的模型呈现在脑海中。每天都重复这一练习，坚持10天，其间进行适当的休息，在第10天看看你在判断能力上所取得的进步。

练习9

每当你和别人握手的时候都要注意从他们的握手方式中看出他们的某些个性特征。要注意培养自己温和而沉稳的握手方式。

你是不是感觉到与某些人握手时有点不舒服？注意考虑一下是什么原因造成的。但不要为你的这种反感所左右，抛开那些不良的感觉，主动与他人握手。这可能会有利于你取得“控制他人”的主动地位。

努力克服某些反感的情绪往往能够增强你的自控力。一定不要让任何一种你必须经常触摸的东西左右你的触感。被不良的感觉所左右，是最为恶劣的可憎之事。反感意味着思想的软弱，无力转移其注意力。真正强大的精神与思想是能够驾驭恼怒与嫌恶的。而这里的引导者和控制者是自控力。

对每一种你所反感事物的态度转变都表明了你自控力的增强。

第十四章　神经系统练习——打通潜能释放的通道

如果你的意识保持和谐状态的时间越长，
所有感官带给你的感受就会越精彩，
它们将助你最大限度地汲取生活的馈赠，
并将你融入诗意的自然。

静静伫立在天地之间，你会感到各种力量涌进你的身躯，进入敏感的灵魂中枢，仿佛那条通向宇宙的每一个幽深角落的神经，就在你的身上。人体的各种机能和宇宙万物是一体的，每一个有机体都可以看作是宇宙的中心，个体和宇宙的四面八方通过类似电话线的神经线路相连，人类个体和宇宙之间的信息交换川流不息，这种壮观的场面令人讶异。

——纳威尔·希尔斯

锻炼神经系统，体验生命的美妙

迈克尔·福斯特先生曾经说过："当科学家运用生理学知识研究肌肉、血管、腺体组织等类时，如运用得当，它就可以指明一些方法。这些方法不仅可治愈受到伤害的地方，修复一些不当的使用和疾病给身体带来的损害，同时还可以锻炼那些正在生长的组织，开发那些成熟的组织，让它们可以满足生活的目的。"

生理学所研究的不仅仅是治疗的方法，它还起着支配和引导的作用。这对于处理神经组织也不例外。不仅如此，生理学还给予神经组织以特殊的观照，因为这些神经组织并不同于其他的器官组织，它们比较容易受环境和教育的影响。

对各种感觉的认识也是通过我们不同的感觉器官来获取的。但我们也常常会进入到一种所谓的"普遍感觉"当中，只要你在一个极为安静的房间里稍稍坐一会儿就能体会到这一点。神经系统所有的体验都可以被觉察得到，你可以感觉到心脏的跳动，听到自己的呼吸，甚至耳边还能注意到沙沙的声响。全身可觉察到温暖或是寒冷的感觉。你感到生命的脉搏在跳动，清楚自己正处于一种实实在在的感觉中。毫无疑问，你在任何一个部位上都是有知觉的，而这种知觉同样也几乎是覆盖全身的。

在这种"普通感觉"中，我们开始这一章的练习。因为下述这些练习方法都是非常重要的，所以不要轻视。

提升神经敏感度的12种练习

练习1

让自己的所有感官都进入到“普通感觉”的状态中，将这种状态保持一段时间。静静地坐着，思想完全不受外界事物的影响，让注意力集中于全身。

注意，在这个练习中，你要把所有思想活动都专注于“普遍感觉”上面。也许这很难做到，你会不由自主地去想很多外界的事情；然而通过坚持和耐久的自控力你就可以做到这一点。这时你就可以通过全身的感觉器官感受到每一个事件，并把它们记录下来。连续这样练习10天，在第10天的时候，对比一下你的记录，看一看你所能感觉到的事件的总数目，以及对于“普遍感觉”中聚精会神的能力改善了多少。一定要注意，努力记住这些实际情况和你的感觉。

练习2

选一间非常安静的房间，静静地坐下，然后，如前面一样进入“普遍感觉”的状态。这时将注意力放在身体的某一部位，比如手部——从手掌一直到肘部，把所有的思维活动都集中在那里。排除所有不是来自于手部的感觉。把这些感觉都记录下来作以后的参考。

重复这一练习，只不过把部位换成肩膀，然后是背部，再就是脚部。换成身体不同的部位，这样一直练习下去。注意，要努力去体会那些吸纳了你感受的事物。换成头部重复这一练习。这时要全神贯注地去听——不是听任何声音，而是用神经去感觉耳部。同样，全神贯注于视觉上，让所有的思想活动都集中于眼部，而不是眼睛所看到的物体。

然后，按压身体的某一部位，比如手背或面部，在做这一动作的时候，要坚决把注意力集中于另外一个部位，以至于忘掉被按压的感觉。记录下每一次练习的结果。每天重复这一练习并适当休息，连续10天。在第10天的时候，对比一下记录的结果，注意一下记录下来的事件总数和注意力的改善情况。

练习3

找一个房间，然后在房间里慢慢地走动，完全保持思想“普通感觉”的状态。休息一会儿，重复同样的动作——专注于你的感觉，不要分神。一共练习10次，记录下最为明显的一些事实。

每天重复这一练习，其间适当休息一段时间，练习10天。在第10天的时候对比一下所做的记录，像关注上述练习一样，注意其结果。

练习4

静静地站在一个安静的房间里，然后完成下面的练习。

1．缓慢而平稳地向上移动右臂，一直高举到肩部位置以上，重复6次，将注意力集中于你的动作。

2．缓慢向前移动右臂，直至水平，重复6次，将注意力集中于你的动作。

3．缓慢向右移动右臂，直至水平，重复6次，将注意力集中于你的动作。

4．换左臂做以上三个动作。

切记：上述所提及的所有动作必须认真而缓慢地进行。以全部思想来关注每一个动作，不要让思想走神。把整个思维都放在你的一举一动上，全神贯注于你正在做的动作。此外，最重要的是做每一个动作时都要充满自控力。把自控力注入每一块肌肉上。每天重复上述动作，其间进行适当的休息，持续10天。

练习5

1．静静地站在一个安静的房间。不要用手扶持其他东西，左脚单脚站立，保持身体平衡，右脚尽可能地向前摆动，然后回到原来位置，落地。动作要认真而缓慢，做6次。

2．将右脚向右侧摆动，然后放回原始位置，重复6次。

3．将右脚向前然后向右摆动，再回到初始位置，重复6次。

4．将右脚尽可能地向后上方摆动，保持身体平衡，然后把脚放回到初始位置，重复6次。

5．将右脚向后摆动，然后画半圆向右侧摆动，再回到初始位置，重复6次。

6．用左脚重复做同样的动作，重复6次。

7．每天坚持练习并适当休息，坚持练习10天。

建议：做这些练习时必须保持旺盛的精力，并要保持动作缓慢认真，思想高度集中。

练习6

1. 选择一个安静的房间，静静地站立。两眼目视前方，缓慢地向右转动头部至最大幅度，然后再转动头部返回到初始位置，重复6次。

2. 两眼目视前方，向左转动头部至最大幅度，然后回到初始位置，重复6次。

3. 将头部缓慢向后仰至最大幅度，然后回到初始位置，重复6次。

4. 把头部缓慢向前弯至最大幅度，然后回到初始位置，重复6次。

5. 将头部低垂于胸前，然后缓慢地向右方摆动，画圆向上摆至右肩的地方，然后向下摆至前方，再继续画圆向上摆至左肩的位置，然后向下摆回到前方初始位置，重复6次。

6. 每天重复上面的动作，坚持10天。

练习7

1. 选择一个安静的房间，静静地站立，思想集中于每一个动作，慢慢地向上抬右肩到最大幅度，然后同样慢慢地回到自然的位置上，重复6次。

2. 用左肩重复做同样的动作，重复6次。

3. 重复做以上动作10次，共做10天。

练习8

1. 选择一个安静的房间，静静地站立，保持脚部不动，缓慢地向右扭转身体至最大幅度，然后再转向左，共练习6次。

2. 身体保持自然站立，两手向两侧平伸，身体向前俯，保持上身平直，然后向右转动身体，再向左转运身体，共练习6次。

3. 坚持每天练习上面的动作，其间进行适当的休息，共练习10天。

上述所提及的这些练习都是经过精心设计的，并具有一定的启发意义。所以对它们可以做一些变化。然而，必须严格遵守和执行的一条就是要缓慢、认真地进行所有的动作，思想高度专注于动作的进行中。保持充满自控力的念头。在四肢和肌肉里贯注这一想法：“我决定要树立意愿了，注意！”

练习9

1．保持身体自然站直。将思想集中于自我。然后平静下来，坚决地、绝不动摇地宣告：“我在吸纳那些有益的力量。我对所有美好的影响都是开放的，身体和思想的力量正在增加。一切都是那样的和谐。”多次平静但有力地重复这样的话语。不要表现出消极的情绪，保持充满自控力的感觉。自控力将在最良好的精神状态中存在。把自己上升到三重健康（也就是身体健康、思想健康、精神健康）的境界。

2．将这种练习保持15分钟。然后略微地休息一会儿。每天早晨至少练习一次。

3．一旦感到焦虑、困惑或烦躁，就要进到这种坚决的情绪中去迎接美好的力量。遵从这一引导将带给你无穷的价值。

练习10

保持身体直立。树立起坚忍不拔的精神，把自控力专注于站立中。集中精神于自我，平静而有力地默想：“我正笔直地站立着。一切都很美好，我正尽情感受着一切美好的事物。”达到这种精神状态后，缓慢而认真地在房间里走动，不要抬头阔步，只需自然地走动，但要产生一种充满力量的感觉。坐在椅子上休息一会儿，多次重复上述动作，然后进行适当的休息，共练习15分钟。

练习 11

1. 保持身体直立。以一种充满自控力的精神状态，缓慢走到一张桌子前，然后拿起一本书，或者搬动一张椅子，或者走到窗边向窗外远望。做每一个动作时，都必须坚决果断，充满自控力。

2. 选择不同的对象重复上面的动作，各练习15分钟。

3. 自此之后，每天都进行这一练习。

练习 12

1. 适当休息一段时间，然后认真而缓慢地走到一张椅子边坐下，使自控力贯注到每一个动作中。不要松松垮垮地坐着，也不要坐得很不自然。不要坐姿僵硬，而要放松，但保持上身笔直。然后，集中精神，缓慢地站起。尽力使姿势优雅、自然，让自控力将自然和优雅相互结合：无论是坐着、站着还是在走动，都要注意培养这种姿势。培养在任何动作中都保持这种重要的感觉，它意味着“我充满了活力，我有旺盛的精力”。如果你感到贫血、消化不良或神经感到紧张，这样的练习会对你有非常大的帮助。

2. 做这种练习15分钟。

3. 持续坚持练习。

摆脱神经紧张的有效方法

神经系统是非常敏感的。当它受到挫折或负担过重时，进行适当的休息并立刻寻求医生的帮助。然而，许多人认为他们并没有什么问题却变得莫名的暴躁，这其中部分的原因就是缺乏对自我的控制。以下的建议可能显得有点荒谬，然而，它们有助于摆脱神经紧张的问题。

如果你感到烦躁不安，你会在睡前感到有一种什么东西在你头发中爬行，或者是有什么东西轻推你的颈背，似乎有一根针突然刺进你的手臂，或者是一根羽毛在你的身体上到处游走。要不，在心烦意乱、不能入睡时，某个部位会感到像被打了一下，而另一部位又像被按了一下，或某个部位似乎被揉擦过，然而睡眠的感觉却一直在游走。这样的折磨要维持多久呢？你希望让它维持多久，它就有多久。为什么会受到这样的烦扰呢？其实是可以避免的。这仅仅是意愿和毅力的问题。

如果你已经练习过关于集中精力的方法，就应获得了支配你的思想和神经的能力。因而，对于所有这样的事情而言，只需培养让思想转移到别处去的能力即可，只要一个人一直感觉到被拍打、揉擦以及按捏，他就会一直烦躁不安。把所有的思想都集中于重要而令人感兴趣的事物上。先设想一个适当的部位作为承接这份注意力的场所，然后它便会转移到那个部位上来，最后设想让它消失。最终它必然会如你所愿。你也可以运用这种方法来解决其他困扰你的各种“感觉”。

实际上，我们每人每天都会重复上千次这样的自我控制：闹钟的响声被忽略了；火车经过的声音也没有听见；对小商贩的叫卖声丝毫没有觉察；牛的叫声、鸟的歌声、小孩的呼叫声和整个城市的喧哗声，人完全可以对这些无动于衷。那些整天被密密麻麻的人包围的忙人，听不到生活中模糊不清的嘈杂之声；那些居住在河边上的居民，听不到大自然中轰轰的雷鸣。莎士比亚曾这样写道：

乌鸦确实可以如百灵鸟一般甜美地歌唱，
那是在两者都未被注意的时候。
夜莺若于白天展示其歌喉，
在鹅群的嘎嘎乱叫中，
也会被认为是拙劣的歌手。

一旦耳朵习惯了各种声音，就会对周围的世界置若罔闻。躲在耳膜背后的正是自控力，是它充当了对人们有益的消音器。

请记住，本书中的练习都是精心设计出来的，而你进行这些练习的唯一目的就是为了增强自控力，因此如果你一心朝着这个目标努力并且认真遵循本书的指导，就一定能够得偿所愿。

在进行这些练习的过程中，值得一提的一点是，你无须浪费丝毫精力和时间，你所付出的一切都会被存放在一个十分安全的“银行”之中成为永久性的资本。赛奇维克教授曾经说过，精神和心智的练习等同于自控力的练习：“一个人如果能给自己一点适当的精神练习，这种做法带来的即使是间接的好处也是无法估量的。”进行这样的练习，你不仅不会有什么损失，还会得到一系列的益处。

意愿不仅仅是依靠力量的储蓄，它还能通过各种各样的练习提高获得自控力的效率，这种进步是惊人的，可以呈几何级数般的增长，它不断地把新的自控力添加到原有的基础之中，使你的自控力像滚雪球一样变得越来越强大。

“我决心树立自控力！注意！”

第十五章　手的练习——手的练习会促进思想的成长

对手的练习是培养精神和提升意愿的手段。
什么样的意愿，什么样的手，
什么样的手，什么样的意愿，
有效的培养会令你双手娴熟、头脑发达、意愿坚强。

30多年以来，我一直都是靠双手工作的手工业者。假使你见过的最为灵巧的钟表匠走进我的工作间，他可能会让我组装一只手表，我则会请他尝试一下解剖，比如说解剖一只螳螂。我并不想自夸，但是我敢肯定我圆满完成他交给我的工作的速度比他完成解剖的速度要快一些。

——托马斯·赫胥黎

什么样的手，什么样的自控力

有人说，手完全可以表现它主人的内心世界。那些所谓的“相手术”就是研究人掌纹的一门“技术”。同时，手指末端细致的指纹也已在犯罪学领域用于判别犯人。然而，很少有人能清楚地了解他们自己的手掌，这是因为没有多少人能真正懂得一个重要的前提条件：细心。

毫无疑问，手掌是一个最完美、最顺从的效劳者。工艺、发明、自然科学、艺术，都在自控力的指引下充分展示了手的伟大。对于水道挖掘工人而言，也许它们仅仅是一双手，但是对于画家以及雕刻家而言，它却是体现创造力最重要的工具。

身体是表现个人思想的一种渠道，手则是人思想最重要的执行者。野人想要猎取新鲜的肉作为食物，于是就有了弓和箭以及钩子和网。猎人想要有一个永久的遮蔽之处，于是就有了锤子、斧子、锯、泥刀、钉子以及各种不同的建筑工具。有了房屋的人又想有农产品，于是就有了铁锹、鹤嘴锄、铲子、草耙、犁、耙机、镰刀、篮子、除草机、脱粒机以及磨坊。农民想得到教育，于是就有了笔、墨、稿纸，有了打印机、实验室、显微镜和望远镜、图书馆、中学和大学。

那些受过教育的人还希望欣赏到艺术，于是又有了凿刀和大头锤、画笔和调色板、画布以及美术馆。人们渴望音乐的熏陶，于是就有了管乐器、弦乐器等。所有的人都要有政府，结果产生了王位和权杖，宪法、法庭和审判庭，剑、枪以及盟约。人们要满足信仰的愿望，于是产生了神坛、圣经、教仪以及各种慈善团体。在人生这漫长旅途之中，要走好每一步，手的作用无处不在。

手的练习还会促进思想的成长。这种练习会成为精神培养和意愿发展的媒介。正所谓，什么样的意愿，什么样的手。反过来也是一样，什么样的手，什么样的意愿。无论是谁，只要把他的双手加以练习，就必定会在其双手中充满意愿的力量。

提升手的灵敏度的6种练习

你可以选择按照以下练习加以悉心的培养，你的手就会越来越灵活，大脑也会越来越发达。

练习1

聚精会神地观察自己的双手，熟悉它们，注意它们的特征。在观察时要聚精会神，全神贯注，以至于一闭上双眼你就能想起它们的样子。

1．放松右手手指，除拇指外，其余四指慢慢地向手心合拢，直至它们碰到手心，再以同样方式回到原来的位置，重复这一动作6次。

2．加上拇指以同样的方式合拢手指，直至拇指置于其余的四指之下，重复6次。

3．用力以同样方式进行上面的练习，重复这一动作6次。

4．将手掌伸展开，五指并拢，缓慢地张开四指和拇指，又慢慢地合拢直至手指相互接触，重复这一动作6次。

5．用同样方式用左手进行上面的所有的练习，每个动作重复做6次。

6．坚持每天练习，共10天，其间休息2天。

上述练习有什么价值呢？除非你能明白，最重要的是把自控力贯注于每一个动作之中，否则没有任何价值。

练习2

1．找一把旧扫帚，截下6寸长的把手作为练习之用。笔直站立，吸气，右手向前伸直至一臂长的地方，抓住这根木棍，然后缓慢地用力握紧木棍，要由轻而重，逐渐增加力度，直至最大力度。重复这一动作6次。

2．将右手向右侧伸直，重复上面的动作6次。

3．将右手高举于右肩膀上方，重复同样的动作6次。

4．将右手下垂于身体右侧，重复同样的动作6次。

5．将右手向右后方伸直至最大幅度，重复同样的动作6次。

6．用左手进行同样的练习，方式与右手一样，遵照上面的规则。

对于这种练习，左手和右手可以轮流进行。比如先用右手做整套练习，然后是左手。同样，也可以每一个动作先用右手进行练习，再用左手。

切记，在每一个动作中，都必须令肺部吸满气。而且在练习中应经常进行短暂的休息。同时最重要的是，思想中必须保持强烈的充满意愿的感觉。

坚持每天练习，坚持10天，其间休息2天。

练习3

1．拿来一个弹簧秤，其最大称重为10~12磅。把扫帚的把手插入其环中。在桌子上钉一个钉子，离桌子边缘刚好是弹簧秤长度的距离，并且使得弹簧秤足以让手可以抓住秤环中的木头，同时能以拇指钩住桌子边缘下方并握紧。用弹簧秤的秤钩钩住钉子，右手四指握住木把，拇指置于桌子边缘下方，然后仅仅通过四个手指的运动（不要用手臂拉），尽可能地拉开弹簧秤。弹簧秤的秤钩必须钩住离桌子边缘足够远的钉子上，以防四指在拉动弹簧秤时会碰到掌心。重复这一动作6次。

2．坚持每天记录拉开的弹簧秤所显示的磅数，所占长度的比例，注明是右手，保存好。

3．用左手重复上述动作，重复6次。

坚持每天进行这样的练习，练习10天。到达第10天的时候，对比所做的记录并注意取得的进步。

练习过程中，一定要时时把自控力贯注于每一个动作中，特别是要不时地注意，你是否可以单纯通过意愿的练习来增加你手指的力量。观察在一定时间内哪只手取得了最大的进步。

练习4

到达第10天的时候，可以休息2天。让别人用比较好的音响设备播放一些强烈而快速的音乐曲调，而你则交替用右手及左手重复练习3中的练习，一共6次。如前面一样做好记录。

持续练习10天。在所有动作中，保持聚集起了最强有力的意愿的感觉。

到达第10天的时候，对比记录的结果并注意每一只手的进步情况，观察哪只手取得了最大的进步。

一定要注意观察音乐是否能增加意愿的力量，请解释这一事实。

练习5

运用自己的想象力，想象着你的右手握着一把左轮手枪。然后想象你扣动扳机：把一种巨大能量的感觉贯注于手指，但不要真正移动手指。这时屏住呼吸，重复想象这一动作。你能如前面一样感觉到手指中的能量吗？下决心做到这一点，意愿会最终变得强有力。

按顺序以每一个手指进行这一动作。每个手指都重复这一动作6次。坚持练习10天，观察最终是否有所改善。

练习6

通过锻炼，用自己的手去学习一些有用的手工活——以培养对不同工具的熟练运用，如切割、雕刻、橱窗的制作等。如果对这些都已经很熟练了，则可以练习一些乐器、素描或水彩画等。

下决心去掌握一样工具，坚持练习直至达到你的目标。

当思想镇定时，手才可以保持最佳的状态

无论做何种手工活，努力去培养并保持一种技能娴熟并充满自信的感觉。这种感觉就是源于对优雅、灵巧、完美的深刻体会而产生的一种感觉，它只有通过身体某一个部位的熟练使用才能获得。这种感觉使得人的意识和更深层的地方或潜意识本身能够相互协调。而这种协调正是完美地完成工作时所必需的。事实上，技术最为精湛的人都拥有这一感觉，却并不一定能完全清楚它的所在。

想要在工作中达到最佳的状态，就要求一个人对于他手中的活要有最好的感觉。你必须在你所从事的工作中不断地增强自我的这种感觉。即使你是

在做一件已经熟练掌握的事，也要注意培养那种轻车熟路的感觉，这时你实际上是依靠早已养成的习惯，以及早就被你认为是深深嵌入到你身体深处的能力在工作。因而，你应该记住，这种内心深处的自我感觉是值得信赖的。

通常，当你一贯的思维变得过于紧张或慌乱时，你就会丧失自己本已掌握的技能。常常一些事情在我们不是十分在意时会做得非常好，而当我们试着认真去留意每一个细节时，立刻就弄得一团糟。因而，不要让焦急的感觉来支配你的神经。在你确实存在这种焦虑的时候，通过意愿的驱动来使自己平静。若需要的话，还可以换别的工作做一段时间，从而让自己平静下来，以防止养成精神及身体上一些不镇静的习惯，也就避免了无所适从的境况以及犯各种各样的错误。

注意千万不要在工作中迫使你自己去试图超越与最佳结果相一致的步伐。记住，当思想镇定时，手自然而然就达到了最佳的工作状态。这些有益的练习可以一直进行下去，如果你的思想之中一直充满自控力，你就一定能够取得成功。

第十六章　身体控制力练习——拥有控制身体的力量

镇定沉稳是一个成功者必备的素质。

那些善于自我控制的人，

才能无畏地迎接任何挑战。

通过意愿的力量，

我们能学会自如地驾驭自己。

在众多的韧性试验中，最有趣的一项事实是尽管处理事情的过程可能存在缺陷，自控力却可以达到稳定的状态来弥补这种缺陷。自控力的外在表现越明显，它的地位就越稳固——我们有时会观察到这样的现象。我曾经见过一位正在进行手术的外科医生，手术刀在他手中不停地颤抖，重大医疗事故似乎在所难免，但是当最为关键的时刻来临的时候，他的手停止了颤抖，以一种令人惊异的镇定控制着手术刀的运行。

——斯科里普彻教授

镇定沉稳是成功者必备的素质

无论在何种情况下，镇定沉稳都是非常重要的。在决斗时，心慌意乱一定失败。紧张的外科医生也表明了其实践经验的不足。颤抖的钢笔意味着主人是一个潦草生硬的书写者。容易怯场的演说者则不可避免地将失去他的听众。要取得巨大的成就，通常都需要对身体进行完美的控制——在竞赛中，在商海里，在国际事务中皆是如此。一场公平的球赛中，最后一局主要取决于队员自控力的坚定以及对自我的控制。

一辆速递邮政列车的机械师如果没有办法让自己在飞快的速度中保持镇定，那他理应让位于人。在贸易、政治和国际会议等外交场合中，更需要镇静的气度，在这些场合，一颦一笑都会带来性命之忧或者战争。

如果处于非常激动的状态之下，人们常常会发觉，自己的神经几乎已经完全被愤怒或恐惧的压力所控制。思想这时就会发出指令："镇定！现在要镇定！"这一指令会使身体立刻做出反应。

如果思想能够保持镇定从容，人的神经体系就会配合思想的镇定。但是由于害怕而产生的惊慌经常会使得神经系统处于崩溃的边缘，结果，若不能很好地把握，人的整个神经体系就会像惊慌乱窜的羊群或竞技场中骚乱的公牛一样处于灾难的境地。从这个角度来讲，只有善于自我控制和无畏的人，才有足够的勇气去面对任何形势。

这时，对镇定的关注和重视也就显示了巨大的价值。这种关注取决于身体和精神的力量，同时它也深深地影响着人的身体和精神。

我们不否认，如果神经紧张是由于疾病引起的，那么就应当及时医治。但这种神经的紧张往往也可以通过某些理智的行为以及坚定的自控力加以克服。反过来，最终所有这些行为又会增强自控力本身。斯科里普彻博士曾问：“一个人的镇定力是否可以通过行为得到增强呢？”这一问题的答案存在于实践中。在经过多次实验观察记录后，他说：“关于通过行动来增强镇定力的可能性问题已经得到解决了。”下面所列举的练习方法的最重要的目的就是要增强你的自控力。

因而，意愿必须在所指示的活动中加以体现。让你的思想一直不断提示：“注意，我决心树立起我的自控力，把我们的精力全部投入到自控力的锻炼当中去！”

帮助你保持镇定的4种练习

练习1

1．保持身体自然站立。自然呼吸，保持最为镇定的心情，笔直地站好，并以缓慢的速度默数100下。除了呼吸和眨眼之外，不要有其他的动作。不要瞪眼，不要让身体摇晃。站稳，但要保持自然。默数100下后，放松，并休息一段时间，休息的时间也刚好与数100下的时间相同。重复上面的动作，然后再休息一会儿，共6次。

2．坐下，保持上身直立，姿态保持自然。如上面一样练习，一共练习6次。

坚持每天重复上面的练习，共做10天，其间休息2天。这里建议的时间只是一个示范，实际练习时练习的时间和休息的时间可以自由地延续下去。

练习2

1．保持身体自然竖直站立。自然地呼吸、眨眼，把目光集中于你房间墙上的某种小件物体上，比如说大头钉或衣架的一角，或者是用铅笔画的一小圆点，但应足够大，以便在8英尺之外的距离可以看得见。

右手手心朝脸，把食指指尖放于右眼与墙上小物体之间的直线位置上。缓慢地移动右手——由身体开始沿着这条想象磨炼的直线向外移动，保持手心朝脸，且食指的指尖严格地位于直线上，直到无法移动了为止。以同样的方式回到初始的位置。重复这一动作6次。

2．方法同上，以剩下的各个手指分别代替中指放于直线位置重复以上步骤。

3．用左手做上面同样的步骤。

坚持每天做以上的练习，持续10天。

练习3

1．保持身体竖直站立。向前伸出右手，保持右手自然放松。伸至最大幅度后，同时伸出食指指向前方。缓慢而沉稳地从前至右移动整个手臂，就如用右手食指在画一个直径有几尺长的圆一样。重复这一动作6次。注意不要画得太快，也不要突然移动手掌，并要注意控制手臂的抖动或不平稳。

2．选择同样的方式向相反方向，做6次。

3．手部用劲，同样向正反方向各做6次。

4．换左手做上面同样的动作。

坚持做上面的练习10天，其间进行适当的休息。

练习 4

你可以选择摆出任何一种自然的姿势。然后保持这一姿势不变，以缓慢的速度默数10下，然后放松休息一段时间。重复这一练习共6次。

选择其他的各种姿势重复上面的步骤，每一姿势都做6次，持续10天。

在做这种练习的时候，思想不能有丝毫的走神。你必须专心致志地注意你的每一个动作。把意愿的力量注入你所有的动作中。比如在练习2中，目光要跟随想象磨炼的直线移动。头不要随手臂摆动。要把你的自控力集中于指尖。一直保持坚决的心情，牢记自己进行练习的目标。

“如果一个人不能控制自己肌肉，”默德斯雷曾说过，“他也就不可能控制其注意力。”

养成保持身心平静的习惯

对于本章的这些练习，我们应当在一生中不断地加以实践和遵循。当你的躯体处于休息状态的时候，努力养成保持身心平静的习惯。无论你是坐着还是站着，都要努力去消除一切手部、手指、腿、脚、眼、嘴唇等不必要的动作。

曾经有一位精神容易紧张的年轻人，常常会不自觉地抽搐手部或脸部肌肉。在一次远航中，这一毛病却被一位老船长的威吓给治愈了。这位老船长只是警告他说如果他不改掉这一习惯就要狠狠地痛打他一顿。显然，是畏惧唤起了这位年轻人的自控力。尝试着用你的意志去控制这些类似的小动作。为了达到这一目标，可以在一段时间里保持坐或站的某一姿态，然后想象磨炼这些小动作。

每天安排固定的时间来做15分钟的练习，并以不同的姿势进行。一般最好是在枯燥或紧张的时候练习。注意在练习中应给予极大的自控力，当然，我们还要确保自己的思想在练习时是平静的。

神经和肉体是否能保持镇定，取决于你的精神及身体的健康状况。只要你每天都能花上几分钟来使得思想和身心达到绝对的平静，根除一切焦急的思想以及各种生意和交际上的烦忧，并集中精神对自己宣告你正处于精神上的完全状态当中，你就能达到精神上和肉体上的镇定。

一般说来，但凡自律性强，要求严格的人都能够做到勇敢而镇定，尽管有时他也必须唤起自控力来发挥其内在的力量。

爱德华·卡本特在《创造的艺术》中曾讲过一个很有说服力的故事，显示了平时对身体器官的严格练习在面临紧要关头时多么有价值。

爱德华讲到那个故事时说："我认识一个体格健壮的矿工，他告诉我，有一天晚上，有人敲他居住在大湖边上的小木屋的门，恳求他给予帮助。那人说他与一个同伴刚刚走过大湖的冰面，而他的同伴已经筋疲力尽地倒下了。"这位朋友马上捡起一条毛毯，与那敲门的人一道沿着结冰的湖面赶了过去。当天夜晚又黑又冷，经过一番寻找，他们终于发现了倒下的那位同伴。那人已经四肢僵直地张开。躺在冰面上直直的像根圆木。他们把这冻僵的人搬起，回到了小木屋。整个夜晚直到第二天天亮，他们都在使劲地不断搓擦他那冻伤的身体。

最终，这位同伴苏醒了过来，恢复了健康。几天以后，除了他皮肤上仍有一些冻伤的疤痕，已经完全没有什么不适了。毫无疑问，这个人非常神奇，冰霜也无法将他摧毁。

之所以称其为神奇，是因为他体格的健康，他所拥有的精神上和身体上的良好状态，使他能够适应各种条件。相信这一点对每一个希望做自己主人的人而言都是如此。你什么时候变得有力、健壮、完美，你就可以控制你的身体和思想。

第十七章　健康是自控力的基石

严格遵守健康准则，

是对自控力的一种锻炼。

一个身体健康的人，

如果得到自控力的培养，

其活力是不可估量的，

这本身就可以称为伟大的成就。

如果把所有工作或者学习的任务整天装在脑子里，日思夜想终日考虑，并不能真正有助于做好你的工作，不如暂时忘记这些事务，让大脑休息一下。忙碌过一段时间之后，不妨允许自己的肌肉放松下来，你的精神就会得到休养并且重新获得活力，从而产生新的主意以及实现这些计划的动力。

什么才是最好的休息方法？多一些放松和娱乐，多一些工作上的变化，多一些实现自我的途径。为了达到更高境界的个体幸福，我们需要创设两种甚至三四种不同的生活方式——早晨我们是忙碌的商务人士，到了下午我们可以变身为浪漫的艺术家，也可以悠闲地扬帆出海。当处于一种生活方式的时候，就完全忘记其他生活方式，与被遗忘的生活方式有关的各种能力就会得到复原，因此第二天我们可以带着更多的动力、计划和想法投入到商务、艺术或科学研究中去。

——普林蒂斯·马尔福特

自控力可以带来健康

如果把健康和自控力做比较，哪个更宝贵呢？当然是健康。坚强的自控力如果缺少健康的支持，它只是昙花一现的坚强。确实，在虚弱的身体中也会爆发出强有力的意愿，但这也许仅仅是个例外的情况。疼痛、沮丧以及伤残对自控力的恶劣影响，我们应该很了解。

在通常情况下，一个人自控力量的平均水平总是取决于其身体健康的大体状况。因而，要获得果断的自我决断能力，就必须有充足的血液供给，而最根本的要求是对丰富的食物有良好的消化和吸收，以及充分呼吸新鲜的空气。

精力乃至于道德，都是来源于健全的食物消化和氧气的供给，当血液的供给减弱或受到损害时，你就会产生各种程度的懒散或厌倦的情绪。相反，一个精力特别旺盛的人若大脑供血过快（就像是处于一种近乎狂野的状态），则会迸发出各种令人惊讶的形体举动，并表现出极端的固执。

确实，人的思维活动一定会对身体产生重要的影响。当足够的自控力量可以被聚集起来驱散内心的畏惧与不安，并唤起一种坚强有力的精神状态时，某些身体的不适和烦躁就会得以抚平或治愈。

“自控力会带来健康，从严格意义上说，这是一种精神疗法，它对治疗坐卧不安的作用非常有效，而对其他的疾病也并非完全无效。任何一个有经验的医师都清楚这一点，并且他们都善于培养病人坚定而充满希望的精神状态，这是非常有益的。积极生活的顽强动机会让某些人得以生存下来。”一位著名的苏格兰医师曾这样说过。

当然，人的思想也会被身体状况所影响。通常在自控力被召唤之前，这些身体上的影响就已经支配了精神，因而，在一般意义上，关于身体健康的最好建议就是要尽力结合、利用这些正当的要求——对身体状况的恰当关注，坚决有力的意愿以及可靠而有保证的医疗。

“尽管如此，需要明白的是，”斯格菲尔德博士在《无意识的思想》中写道，“当大脑功能通过良好的神经组织和健康的血液得以恢复时，它会在恰当的建议下对身体产生有益的影响，正如它曾对身体产生过不好的影响一样。如果神经的中枢系统有了思想上的不安，那么最适当的治疗方法就是先保证中枢系统处于一个健康良好的状态，然后才让它们成为治疗思想不安的工具。精神上的疾病需要精神的药方，能够治愈它的，只有精神疗法。”

保持身心健康的14条重要准则

防止战争发生，取决于和平时期的工作做得如何；人在健康时也要预防疾病。健康是金，我们千万不要毁坏了这个金矿。

准则 1

调整饮食，要根据身体本身的特性以及平常所进行的工作来进行。

平时注意要多喝冷水。要保证充足而良好的睡眠，充足清新的空气可以提高睡眠的质量。事实上，大部分人喝水都不够。

许多人卧室里的空气足以杀死一个在野外生长的土著印第安人。要养成按时作息的习惯。并且要进行充分的锻炼以防止肌肉老化，并通过肺部的活动促进血液循环。

准则 2

适时、适量的休息也是至关重要的。

对于体力劳动者而言，完全的无所事事并非总是休息。有时一些能带动不经常运动的肌肉的活动也许更为有益。人们通常都要过周末就是这个道理。但往往这种周末的休整大部分是对身体有害而非有益的，因为人们常常会休整不当或者休整过度。

准则3

问题的重要之处在于，我们一定要以坚决有力的意愿从思想中永远驱除愤怒、苦恼、忌妒、沮丧、辛苦、不满以及焦虑不安的情绪。

所有这些都是精神的恶魔。它们不仅会困扰思想，而且会发散毒素，损伤细胞，从而对身体造成伤害。它们会阻碍循环。它们所产生的毒素也是极端致命的。

它们会或多或少地诱发出对保持坚强意愿十分不利的精神状态，而且这种不良的影响是永久性的。它们排挤对未来的希望，抑制向上的动机，降低心灵的积极程度。我们一定要在生活中将其摒弃，将其看作永远的敌人。

准则4

一定要下决心遵守以下准则。

1．养成有规律的生活方式。做自己的主人而不是奴隶。

2．尽量避免吃油腻的糕点和食物以及有刺激作用的饮料。

3．时时保持身体的洁净。经常洗澡，经常用凉水漱口，除非你是刚刚病愈。同时要把全身擦干。

准则5

可以在洗澡的水中滴一点点香水，或是在洗完后用一点点香水。

这会增加你形体上的自信——不是虚荣。这是对洁净身体的嘉奖，好让这份清新洁净成为一种愉悦的心情。

准则 6

把身体仔细地擦干，揉擦、按摩并拍打身体几分钟。

如果是在白天洗澡，则在走出更衣室之前先做一会儿轻柔但又实在的运动。然后设想自信和坚决的精神状态，充满了坚强的自控力。

如果是在就寝前洗澡，那么在洗完澡后穿上一套干净的衣服，伸开四肢趴在床上，在适合的室内温度下尽情享受、尽情休息，想着自己是一个干净而且很美好的人。这时注意，在你眨眼时要尽力看到眼前一片漆黑中的各种颜色和形状，然后安然地睡去。

准则 7

坚持每天至少喝四大杯清水。

对于很多人来说，喝水越多越好。此外，在你口渴的时候就要喝水，除非你是在发烧。如果是在发烧，则应用清水漱口，但不要一次喝下一大口水。

当然这里假定你在发烧的时候，已经停止了各种运动。在你吃饭的时候，或吃饭的前后适当喝水。不要喝冰水，也不要喝太烫的水以致烫伤你的胃。最好是以相对较热的水加一些牛奶，再晾上一会儿，再加一点点调味的东西。另外，睡前把一杯水放在床头，可以在睡眠时间随时饮用。

准则 8

确保你的卧室空气流通和清新，不要在通风口的地方睡觉，可能的话，让头部尽量远离打开的门或窗。

在位于空气流通处之间设一薄屏。但应注意，要确保清新的空气能够流通到你睡觉的地方。不要在太热的房间里睡觉，也不要在太冷的房间里睡觉。

准则 9

确保卧室干净整洁，让它变得富有吸引力。

卧室应是一套房子里最好的一间。然而，它常常却是很多人房子里最糟糕的。如果是租借来的小房子，只需要放一些家具、挂画、装饰品以及清洁用具等，而应舍弃其他没用的东西。切莫以为你是一个随便的男人而可以不理会以上的建议。

整整一个白天你都在各种各样尘土污物的笼罩之中，为什么在晚上的时候还不远离这些污染呢？人是有灵魂的生灵，需要一个清静的空间，因而并不会如狗一般倚靠着墙而睡眠，也不能如牛马一般住在厩中。

准则 10

要保持身体和衣服干净整洁。

穿着整齐干净地进行工作，比穿着肮脏地工作效果要好。那些并不需与污物打交道的人，当然没有理由成天弄得全身肮脏。不时地更换外面的衣服会带来意想不到的好处。

把衣服在空气流通的地方挂上一两天可使之焕然一新。而穿着者本身也由于换上不同的衣服或新颖的衣饰搭配而使得精神为之焕发。即使是一条新的领带或是一双擦拭得发亮的皮鞋也能给人带来全新的心情。极少人真的会过分装饰或故意卖弄，因而每天精心的修饰将会有助于培养自信的感觉和保持高昂的情绪，而这会对自控力产生直接的影响。在手帕上抹上一点香水也会起到同样的作用。一个真正的大丈夫并不是一个令人生厌的人，更不是一个粗野之人。

大音乐家海顿为我们做了这方面的表率。当他坐下来谱曲的时候，他会穿戴得非常考究，头发梳得一丝不乱，并配以最好的饰物。腓特烈二世曾送给他一个钻石戒指。海顿坦言说，如果他没有这个戒指的话，将不会有任何音乐的灵感。他只在最好的纸上书写，尤其是在组织乐谱的时候，那种讲究程度就更不必提了。

准则 11

坚持经常听音乐。

应该每周进行一次或两次音乐的洗礼，霍姆斯曾经说过："你会发现如同身体需要水的清洗一样，灵魂也需要音乐的清洗。"这会提高一个人思想的格调。在家里购置一些欣赏音乐的设备，这样就可以常常听到柔和悦耳的音乐，让音乐如吃饭、阅读、工作一样，成为你日常生活中不可或缺的一部分。

准则 12

永远放弃任何你认为会对健康有害的东西。

准则 13

无论在何时何地，都要培养自己保持头脑清醒的能力。

保持坚定的情绪。要提醒自己，只接受良好的影响而摒弃邪恶的事物。在做任何事情时都要保持高尚的品格、健康的态度以及自信的心情。

准则 14

感悟和拥抱美好的事物。

正如大家所了解的那样，自控力可以辅助疾病的治疗。在欢乐、希望、鼓舞和坚定等各种情绪之下——在普遍的思维中——存在着一股动态的精神力量，它甚至可以创造奇迹，最终战胜病魔和死亡。这种精神状态能够调控人的行为去征服病痛，从而保护身体的健康，让人充满自信地去感悟和拥抱美好的事物。

在努力感受内心世界的时候，人应该确信一切美好的事物正在源源不断地注入自己的心灵。他应欢欣地接纳这一事实并大声向外界宣告。他应承认并宣告他所存在的基础就是生活的现实；他已将自我的意识深深地植入灵魂的深处，因为这是宽广的现实基础对他的希望与要求。随着一切美好的事物从外界走进心灵，无限的自我开始显现在自我的潜意识之中，各种不和谐的因素就自然消失了。

仅仅付出一点点努力是不可能完成上述工作的。你必须要在内心中一遍又一遍地诵读它直到完全明白为止。然后将它不断地付诸行动，直至它能够给你带来便利和力量。但是当真正患病的时候，一定要努力运用你的精神力量配合医生的治疗。医生的治疗以及精神的自发治疗是相互协调、相得益彰的，将二者对立开来是错误的。不要忽略其中任何一种疗法。

自由地利用天底下一切有利于身体健康的东西吧，尽情徜徉在这种优美的境界里，会让你拥有最宝贵的人生！

努力保证上面所有的建议都成为你生活中的准则。

第三篇

自控力练习（二）：思维能力练习

第十八章　专注力练习——用智慧和精神滋养自控力

如果专注力连续99次，
从正在考虑的问题游荡到别的东西上面，
那么你就要一连99次把它找回来。
一个人或许没有天才一半的天分，
但是如果他总是一心一意，
他的成就也许比天才更突出。

注意力服从于自我的绝对权威。我可以随意释放或者收回它，也可以把注意力分散成若干个点，只要我的意愿需要，我就能把自控力贯注到每个这样的点中去。

——《哲学词典》

你的专注力决定你的自控力

我们不仅能够通过锻炼来提高自控力，自控力更期待智慧和精神的滋养。自控力是大脑的激素、催化剂，它使大脑飞速而高效地运转。霍姆斯博士说过："我听过这样一个故事，一位波士顿的生意人在一个多星期的时间里一直在考虑某个重要问题，当时他觉得这个问题对他来说太难实现，已经决定放弃了。但是他意识到自己的脑子里一直都有一件事情，那种感觉非常奇特，并且使他饱受痛苦的折磨，几乎要浑身抽搐。但是经过几个小时的焦虑不安后，他的疑问一下子豁然开朗，于是决定立刻着手解决那个一直困扰他的问题。他相信，在当时那种利弊都没有特别明了、似乎困难和麻烦不少的情况下，应该马上解决那个问题。"

我们经常会碰到这种情况："无意识"也会导致神奇的结果。威廉·汉密尔顿在给朋友的一封信中写道，当时他正与自己的夫人走在从天文观测台到都柏林的路上，到达布罗姆桥的时候，他觉得一系列的想法像火花一样闪现在脑海里：这些火花像I、J、K一样自然连贯，令汉密尔顿惊讶不已，自此以后，他就经常用"I、J、K"来描述这种彼此的关联。

我们的大脑为何总是出现"无意识"的状态呢？其实，在自控力的引导下，这些指向预期目的的"无意识"才能形成持续的思维过程。

既然自控力在大脑中无所不在，那么自控力的锻炼和发展一定会使整个大脑活跃起来。"意愿造就的主要结果，"威廉·詹姆斯教授说，"是完全出于自愿的，它使人关注一个疑难问题，把它时时呈现在脑海里。专注力是自控力的作用。"

我们这里所指的"专注力"到底是什么意思呢？詹姆斯·萨利教授说："专注力可以大致定义为积极的自我导向（这需要自控力的参与）使

大脑关注当时呈现在脑海里的事物。它有点像大脑对呈现出来的事物的‘意识’。然而意识的领域要比专注力更加广泛。意识有很多严格区分的程度。我可能隐隐约约或模模糊糊地察觉某种身体感觉，或者感到久久难以磨灭的记忆。专注力就是强化意识，把意识集中或限制在特定的具体领域。专注力是强迫大脑或者意识朝向某个特定的方向，这样就使注意的对象尽可能变得清晰明了。”

为了证明大脑的“焦点”与“注意范围”之间的区别，斯科里普彻教授在一篇文章里写道：

“请一位业余摄影师把他的照相机带来。他支起三脚架让你看着相机镜头上的图像。镜头是经过调节的，这样坐在屋子中间的人就可以让摄影师一目了然，其他东西都有些模糊，模糊程度要看这些东西距离人的远近。把镜头的位置稍加变动，人像马上模糊不清了，而其他东西可以看得很清晰。因此，每个位置都有固定的物体可以看得很清楚，而其他东西则变得模糊不清。要使看不清楚的东西变得清晰，必须改变镜头的位置，而镜头的位置一改变，先前一清二楚的东西就会变得模糊。同样的道理，我们在同一时间把全部专注力集中在一个或若干个东西上，其他东西就显得模糊不清。当我们把专注力从一个东西转移到另一个东西，先前清楚的东西就变得模糊了。

“我们可以使屋子里的东西保持安静，但是你无法使自己的思维静止不动。精神状态更类似于用照相机的镜头指向繁忙的街道。你一会儿把焦点对准这个东西，一会儿又把焦点对准那个东西。进入焦点范围的东西一个接着一个。因此，‘专注力’也就是让大脑聚焦在一件事上，不管它是静静地藏在一大堆想法中，还是在喧嚣中不停变动。”

提高专注力就是大脑努力要把瞬间的想法或者观察结果留住，而把不需要关注的东西排除出去。这要求一个人具有坚强的自控力。

提高专注力的9种练习

练习1

保持安静，在一间安静的屋子里坐下。发挥自控力，把所有的胡思乱想和思虑置之脑后，使大脑一片空白，尽可能地保持较长时间。

这样做你能坚持多久？不要泄气。持之以恒一定会有成效。

在努力之后可以休息几次，然后再继续尝试。每天这样练习，坚持10天，休息2天，每天至少做6次这样的努力。把练习结果记录下来，过一段时间观察自己有什么进步。意愿一定会发挥无所不能的作用。

练习2

按照练习1中的要求安坐不动。大脑一片空白地尽量保持几秒钟。然后马上开始考虑一件事情，排除所有的其他想法，把专注力尽可能长时间地集中在这个问题上。并不是要你思考与这个问题相关的一系列解决办法，而是要你把你的专注力集中在这个问题上，就像你目不转睛地盯着某个东西一样，把自己的视线和观察重点集中在它上面，只关注那一个东西。然后放松。

重复练习6次，把结果记录下来。每天坚持，一连10天，随后放松。然后观察一下自己自控力的进步程度。

练习3

放纵自己的思想，让大脑天马行空一分钟。现在把你能回忆起来的支离破碎、零零星星的想法写下来。

如果继续把这些事情之间可能具有的内在联系找出来，你会发现看似漫无目的的大脑活动其实都可以找到可以解释的理由。一定要牢牢控制自己的思维活动。把这个练习重复做6次，连做10天，然后放松。第10天时比较一下记录的结果，你会注意到自己专注力的提高。现在，试着发现一些支配大脑无意识活动的一般规律。

练习4

保持安静，静坐一分钟，让大脑保持分析思考的状态。不要想入非非，不要让不相关的思绪和感觉进入脑海。现在特意地顺着一条分析路线想下去，保持5分钟。根据记忆把结果写下来。

第10天时和以前的记录做比较，看看专注力有多大程度的提高。用想象力设想一幅画或一种活动来进行这项练习。

练习5

坚定自己的决心。把大脑安置于某种状态。现在选择几个你认为生活中可能实现的良好愿望，然后全神贯注地集中在这个目标上。不要考虑怎么实现。下定决心克服所有的困难。不要对成功以后的荣耀想入非非，因为那样会分散专注力。全力运用自控力来控制自己的意念。

重复做6次。至少坚持10天，然后休息把志在必得的想法深深地根植在脑海里，并在生活和行动中时时表现出来。使决心和意愿成为自己稳固的个性特征，不但要有愿望而且还要投入情感和毅力。

练习6

在一段时间里，安坐不动。现在开始做几件事情，比如在房间里踱步，或者从书架上取一本书，或者坐着不动。持续大约5分钟。你会有各种各样的冲动想做另一件事情。暂时不要理会这些念头的诱惑。现在做出决定，迅速而果断地选择自己究竟要做的事情。行动起来不要懒散磨蹭，做决定不要只凭当时的冲动。迫使自己做出真正有效的决定，接着采取行动，就做这一件事情。

选择不同的事情反复做6次。在每次做事的时候，尽量把自控力注入每个细节。保持自己对这件事情的投入和热切。这样坚持10天，然后休息。在第10天结束的时候看看专注力和自控力有怎样的提高。

练习7

把各种物品分开放置：书籍、硬币、裁纸刀等。然后把它们混在一起。仔细观察这些东西之后，选择一种方式把它们按照某种特定关系排列。也许是根据它们之间的相似性，也许是相异性。

这些东西的颜色各不相同，把它们交叉着排列起来。现在看看排好之后的效果。也许很糟糕。怎么会是这个样子？怎样才能把它们排列得更好一些？你房间的布置和颜色有没有什么关系？从这个角度考虑会不会使排列效果更好一些？这样试一试。从相同性的角度重复排列几次。再从差异性出发重复排列几次。

在练习的时候要始终把自己的意念放在首位。每次练习用不同的顺序排列6次。坚持10天后停顿一下，10天后看看专注力的改善情况以及自己安排这些东西的熟练和巧妙程度，与刚开始时是否有差别。

练习8

你可以挑选几样东西，比如，书籍或者家具。现在根据书名排列书籍。这是所有可能的排列中最好的方法吗？试着改进它。排列组合家具时使它们与屋子的搭配和谐，在颜色、形状、风格上要合理搭配。

用类似的东西反复练习。每一组东西练习6次。持续10天然后停顿一下。看看比以前有什么进步。

练习9

挑选多种完全不相干的东西，以最顺手的方式把它们放在你面前。拿起其中的一个。为什么要拿起这个东西？马上把它和另一个东西关联起来，要不假思索。这个关联是什么意思？把它们的意思再和第三个东西联系起来。

以此类推，直到所有的东西都相互联系起来。把这些东西根据它们之间的关系一个挨一个排在你面前。整个过程你都不要仓促着急，要经过慎重的思考和意愿的引导。第一次试验结束之后休息几分钟。用不同的东西重复6次这个练习。坚持10天以后休息一下，看看你的专注力和把这些东西关联起来的能力有多大的提高。

我可以给大家举个例子：书—（暗示）—人—（暗示）—笔记本—（暗示）—作家—（暗示）—钢笔—（暗示）—无所不能—（暗示）—剑—（暗示）—锋利—（暗示）—刀子—（暗示）—点—（暗示）—图钉—（暗示）—明亮—（暗示）—金表。

专注是所有伟人的共同特质

当然，上面的这个练习确实有一定难度，坚持这样的练习需要时间和耐心。但是，当我们记得“自愿的记忆需要心灵有意识的努力”时，锻炼的价值才会得以体现。这本书的目的也正是为了培养这种“有意识的努力”。这主要基于两个原因：首先，读者可以随时随地地保持习惯，使自己严格地受到自控力的指引；其次，有能力积极针对自己的动机做出行动，这将变成他生活中持久而不可或缺的要素。

“动机的变化主要源于我们分别给予它们的注意程度。”人们做出错误或不很明智的行动都是错在这里。比如，一个饥饿的人从面包房的窗户里看到面包，他会有打碎玻璃偷一块面包的冲动。这里的动机就是满足他充饥的欲望。但是，人并不是简单的机器，只受到一种力量的驱使。他知道如果被人抓住，就会受到惩罚。他也知道，他正在考虑的行为是不正当的行为，他会受到自己良知的谴责。现在他就可以把自己的专注力集中在阻止他这样行为的动机上。打碎玻璃的冲动就不那么强有力了。

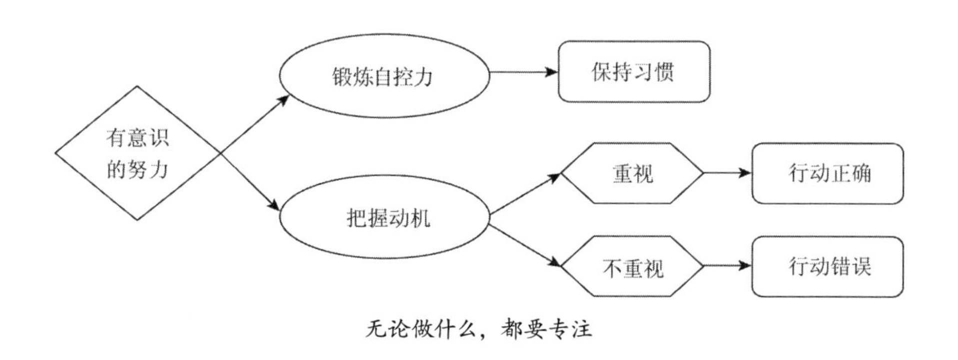

无论做什么，都要专注

时间是个重要因素，他迟疑和犹豫的时间越长，限制因素就越多地出现在他的大脑意识中。

当然，不愿犯罪的动机只是生活中的一小部分。对大多数人而言，“怎样尽可能做得好一些”是个首要问题。这里，专注力的价值正如我们前面提到过的。在这样做时，需要坚强的毅力。能够使大脑活动集中在一件事情上是至关重要的。把思绪集中在对动机的考虑上，尤其是最好的意愿上，是我们日常生活中每一天都需要的。因此我们所有练习的重大原则都在于：“自控力！注意！”

由此看来，持续的、毫不松懈的专注力是所有自控力锻炼中突出的要素。有些现代心理学家坚持认为，专注力是意愿的唯一力量。能够把自己不喜欢的事物摆在眼前，直到自己对它发生兴趣，这样的人一定会成功。

坚持不懈的努力是培养专注力的唯一途径。如果专注力连续99次从正在考虑的问题游荡到别的东西上面，那么你就要一连99次把它找回来，每次都要有意识地控制自己的情绪。

这样一定会养成集中专注力的习惯。说坚韧持久的专注力有多重要就有多重要。一个人或许没有天才一半的天分，但是如果他总是一心一意，直到自己把每一件事情做好，他的成就也许比天才更为突出。

所谓伟人的秘密就是“一心一意、镇定持续的专注”。在这样做时，并不需要咬紧牙关、肌肉紧张，只要专注于一件事情，不受任何外来干扰的影响就足够了，只要你信心十足地对自己说：“我一定要做到！我一定要成为非凡之人！”

第十九章　理解力练习——读书之道等于成功之道

读书是一门艺术，
是有关心灵和头脑的艺术，
不是忙里偷闲的消遣。
如果你精通读书之道，
你就会懂得，
什么是人生之道和成功之道。

一位来自东部城市的著名律师曾经讲述，有一次他在法庭上为一桩材料浩繁、问题驳杂的案件展开辩论时，突然发现自己忘了对某个至关重要的论点做出辩护。在那激动紧张的时刻，他的全部才能似乎瞬间激发了出来——之前被他抛在脑后的那些坚定的态度、自信的权威、有力的论据一下子都回到了他的脑子里——本来开始陈述的时候他的表现相当的平庸，言辞毫无力量，直到这时他才能用一种近乎完美的方式做出精彩的辩护。演说家比彻先生也有类似的经历，当时他身在利物浦，面对一群骚动的暴徒，据他回忆，那个时刻他读过、写过和听说过的各种事实、理由、呼吁都出现在了脑海中，这些内容通过他的嘴说出来之后似乎变成了一种语言的武器，迸发出可以媲美真枪实弹的力量。

——纽厄尔·德怀特·西里斯

“要思索，要权衡”——理解力的金钥匙

我们现在可以选择阅读的东西说多也多，说少也少。生活在都市的现代人正是因为目不暇接、无所适从，才使自己的头脑得不到有效的助益。普通人读书纯粹是因为闲散无聊。所以，许多杂志的文章是以一种特殊的方式写作而成，目的只是为了造成轰动效应。甚至文学作品也多是言过其实地表现客观世界。

这些不断发生的事实使许多人觉得阅读变得根本不可能，因为真正意义上的阅读是一个沉思默想的过程，书本里的思想在读者的头脑中重新呈现，引起他的共鸣或质疑，并且潜移默化地影响他的思想，使之吸收并转化为自己思想的一部分。

这些都需要自控力的投入。但在当代如此喧嚣浮躁的世界，人们身上的自控力已经非常罕见了。这种正在丢弃的技艺怎样才能重新获取呢？那就需要培养建立在理智基础上的神奇天赋——专注力。

“读书不要存心质疑，也不要全盘相信，而是要思索，要权衡。”智者培根如是说。“要思索，要权衡”——这是打开正确读书方式大门的钥匙，为了获得这些能力，下面是我给大家提供的指导。

通过阅读提高理解力的10种练习

练习1

首先选择一本好书来读。认真看看书名，在自己的脑海中设想这个书名下作者可能论述什么样的内容。在字典里查找书名中所有单词的意思，比如《美国历史》。什么是历史？记录下来的历史

是什么？两种“历史”（真实的历史与写在纸上的历史）有什么差别？

“美国”的意思是什么？这个名称从何而来？现在再看看作者的名字。在继续读下去之前，记住作者的生平，了解他在文学或史学中的地位。你对他的作品应该给予什么样的重视程度？

按上述要求完成之后，你就可以仔细地看目录了。现在你应该对这本书的主要内容以及写作目的有个大致的把握。如果这些内容似乎不够明确，那就要舍弃这本书另选一本了。整个生命过程中所读的书都要经过这样的精挑细选。

练习 2

如果在选择完作者和内容之后，你仍希望把这本书读下去，那就要认真地读一读前言。读完之后，思考一下作者在这里说了些什么？依你的判断，这个前言起到了什么样的作用？

以后读书时都要养成这样的习惯。

练习 3

如果一本书有简介，一定要认真地把它读一遍。如果没有阅读前面的简介，很多地方都可能被误解。读过简介后，回想一下简介的主要内容。现在再一次提出这个问题，作者为什么要写这个简介，或者在这个简介里他到底说了哪些方面的内容？很可能到这一步的时候，在进一步阅读之前你已经把这本书抛到一边了。

如果要严肃认真地读书，一定要养成这个习惯。

练习4

对一本书的前25页，一定要精读。在这25页当中你有没有读到新颖、有趣或者你认为有价值的东西？如果在这个过程中你没有看到任何新鲜、有趣或者有价值的东西，很可能这本书就不值得继续读下去。当然这个规律并不是万无一失的。

读书往往就像淘金，富含金子的矿脉可能不是轻而易举就可以发现的。阅读乔治·艾略特的某些作品需要付出比平时多几倍的辛苦，才能把注意力集中到上面；但是一旦沉浸到书里，你就像受到魔法的控制一样，再也不能摆脱它的神奇力量了。很多当年畅销的书都经受不住时间的考验，过两年再看显得索然无味。读书有时也取决于读者的品位。

如果读者喜欢的是“甜得发腻”的漂亮或者“完美无缺”的优雅，那么他可能会选择一些内容轻浅、文笔雕琢的作品。这样的倾向与高级知识分子的见识和文学批评的尺度是不相符合的。他们关注的是那些超出一般水准的、真正有内容、有分量的作品。如果一位读书品位高的读者在前25页内没有看到特别的内容，那么只能说作者写作平平，或者他的作品根本不值得一读。

练习5

如果你想继续把一本书读下去，那么我们有必要回到这本书的第一句话。重读第一句话的时候要格外小心。主语是什么？谓语呢？宾语呢？每个词各是什么意思？如果是抽象的思想，把它转化成你自己的语言。认真思考这句话的内容，要深入细致地想彻底。如果是一个物体，那么闭上眼睛在脑海中呈现它的样子。如果这句话表述的是行为，看看它表达的是什么样的行为。

尽可能地在脑海中构思这幅行动的场景。如果这个句子很长，读起来晦涩拗口，尽量理解它的意思，就好像理解“存在”“状态”或者“行动”这样含义丰富的词一样。然后把这句话再读一次，把各个部分的思想综合连贯起来。对整个句子要表达的思想应有清晰的把握。一定要把作者的思想转化成自己的语言。不要背诵，一定要思考。

用同样的细致方法阅读完第一段。然后用自己的话把第一段的主要思想组织起来。把这种深入细致的分析性阅读继续下去，直到你已经掌握了第一章的主要内容。现在把你所有的笔记放到一边，根据记忆把本章的内容用连贯的句子写出来。

用同样的方法阅读整本书，如果你按照这样的方式去做了，这些书几乎不再需要读第二次。精读一本书比马马虎虎地读很多书能得到更多的教益。这样的练习证明是非常有价值的，因为它们建立在特定的大脑思维基础之上。眼睛在看书的时候变得非常迅速敏锐，它把一些朦胧的观点连贯起来，在读者脑海中构成清晰的图像，这样阅读的时候，读者自己可以得到极大的乐趣。为了使白纸黑字的内容真正被读者领会，还有必要把整个图像拆散开来，每个组成部分加以认真地思考。

这一点要求你做到注意细节，反过来还要求清楚地领会每个词的意思。我们可能懂得了整个句子的意思，而里面的单词并不是每个都认识。如果这样，很可能会把句子里最重要的部分错过。希尔在《心理要素》中写道：“假设我从窗户向外看去，看到一匹飞奔的黑马。整幅图画是在想象中出现的，在我没有用语言把它记录下来之前，它只是一个整体的形象。但是在我写的时候，必然需要一个把这个形象拆开的分析过程。我必须称这一动物为‘马’，它的颜色是‘黑色’，它的动作是在‘奔跑’，它奔跑的速度‘飞快’，我必须说明在这匹马的名词前加上定冠词或者不定冠词。所有部分都齐备了，这个句子就是一匹马在飞快地奔跑。”一个句子被分成了五个相对独立的限定成分，每个限定都备用一个单词来表述。有句格言说得不错：

“如果说不清楚，就不能算完成。”把思想用自己的话表述出来可以从某些事实中得到体现，正如上面作家的例子所示，虽然对词语的斟酌可能没有太大的意义，但在阅读的时候需要在脑海中呈现你读到的每句话的具体意象。

练习6

无论读哪一本书，一定要在重要而有用的句子或段落上做好标记，在书后的空白页码做好索引。

即使这本书本来就有印好的索引附在后面也没有关系，你自己做的索引对你更有用。

练习7

对每一个章节都要进行分析，在你读到的重要地方做好标记、编号或排序。

在读到一章结尾的时候复习一下这些重点，并将它们记下来。这会有助于做练习5。

练习8

如果你愿意大声朗读，尽量在脑子里默记作者提出的重点，用几张纸把它们写下来。然后用自己的语言连贯地叙述，让你的朋友帮你改正错误的地方。

尽量保持并继续这样的练习，越久越好。

练习9

与朋友一起讨论这本书，一定要做到两个人完全领会作者的意思。

练习 10

如果作者名气很大，但书的质量并不好或者他带着明显的倾向性，显然是有目的地“论述他的观点”，那么要带着质疑的态度阅读他的作品。不要随随便便地接受他的看法。

注意从客观公正的角度考虑他谈论的问题。看他引用的事实是否确有其事。看他引用的资料来源是否正确，解释的是否是原来作者的真实意思。审查他的论点有没有漏洞。可以宽容地看待他的观点，但是在适当的时候向他发难。不要过于草率地否定或屈服于他的观点。明天，你否定的东西可能就变成了真理，而你接受的观点则可能大谬不然。

读书将使你的自控力更加完美

通过大量的阅读来积累事实、分析现状、陶冶情感、增加生活经验，最终将使你成为有远见卓识之人。培根在《论读书》一文中说：“读书可以让人养性，可以提高修养，可以锻炼能力。获得读书的乐趣是在个人独处一室沉静平和的时候；高度的修养是在谈吐举止中处处体现优雅的风范；超常的能力是在判断和处理事务时表现精明睿智。精通一行的人才有能力做出执行事务的决定，针对一个接一个的特殊情况做出判断；而一般高明的见识，事情的谋划和部署只有那些教养良好的人才能做到……天性狡诈的人贬低学习，头脑简单的人盲目崇拜，只有明智的人才懂得把学习所得为我所用……读书时不要一味鄙薄或存心诘难作者的观点，也不要轻易接受不假思索；不要只是为了谈话和辩论时可以引经据典令人佩服，而是要权衡考虑作者的看法。读史使人明智，诗歌使人聪慧，数学使人严密，哲理使人深刻，伦理学使人有修养，逻辑修辞使人善辩。读书使人变得更加完美，交谈使人从容，写作使人精确。因此，如果一个人很少写作，就需要有过目不忘的记忆力；

如果他很少交谈，就需要具有随机应对的才能；如果他很少读书，就需要有更多的机智，使他看起来懂得很多他实际上不懂的东西。”

千万不要迁就自己薄弱的意愿，我们这里提出的练习刚开始做时会非常乏味单调，需要付出大量的时间和足够的耐心。如果你一直坚持下去，它就会变得越来越轻松自如，使你感到快乐开心。

你要掌握两个秘诀：正确的读书方式和坚持不懈的意愿。坚强的自控力必须自始至终贯注于你的精神。这样，你的自控力就会吸收书本中的知识。如果把一本书的内容全部领会，则会进一步增强你的自控力。

第二十章　思维能力练习——成功需要充分的思索

真正的思考意味着集中的注意力和深刻的洞察力、
出色的记忆力和广博的知识。
思考是错误和失败的克星，
它与伪科学、反人性的信仰更是不共戴天。

精神的强大才是真正的强大，发达的头脑比匹夫之勇和单纯的冲动要可靠有用得多，这一切都建立在强大的自控力的基础上，还要能够自如地应用这种力量。马塞尔说过："教育的最大秘诀在于对意愿的激发和引导。"在近期的心智练习实践中我们意识到了自控力的无限威力，我们发现注意力也在它的控制之下，只有通过持之以恒的努力才能得到能够掌控的自控力。

——《科普月刊》

高效的思维能力与什么有关

最好的思考者也是最好的读者，这条原则也适用于那些背诵书籍的人。为了把书中内容背诵出来，他必须理解其含义；为了理解含义，他必须思考。思考是一种高贵的艺术，在喧嚣骚动的人群中似乎久已失传。

大部分人迷失在名词术语之中，忽视了思考本身的真正意义，他们以内容艰深为理由拒绝接受新事物，他们不愿意钻研的真正原因不是问题太难，而是对问题缺乏了解。大众的思维界限是相当狭窄的，他们没有足够的勇气打破思维的框架，甚至保守地把界限之外的阳光看作阴霾，钻石当成廉价的石英。

问题不在于复杂而在于惰性。一个人必须付出辛苦和汗水才能求得生存，但是一个人在吸收食物营养和锻炼体魄的过程中并不需要思维。只是管家或者开一个商店的人往往非常不愿意思考，思考让他们感到非常厌倦和疲惫，而且往往有很多日常事务是程序性的，人们可以不假思索地去做。

这个世界每天都产生大量所谓“文学”作品，但是大部分读者都只是随便地读一读，为了放松紧张的情绪，实际上却使自己的思想越来越浅薄，越来越不会读书。证明就是：很少有人读书之后有所长进，很少有人通过读书和思考对自己有所发现，或者对周围的世界、对整个宇宙有更高深的认识；而我们身外博大的空间是人类灵魂得以升华的活力要素，是我们在地球上生存下去最重要的影响条件。

除真理之外，我们不应该满足于任何事情，应该层次分明地洞悉事物之间的联系。这个过程，是一家回报优厚的银行，放在它里面的存款可以得到多重的利息回报。把一个问题彻底想通的能力可以使一个人作为生活的胜利者居于高处。我们可以自我开发这种能力。什么时候开始着手都不算晚，只要下定决心，持之以恒，其中最重要的条件就是伟大的自控力。

真正的思考意味着集中的注意力和深刻的洞察力、出色的记忆力和广博的知识。思想的敏锐程度和价值取决于投入这个问题的自控力是否坚定执着。如果你一定要得到一个结果，那么你一定会想出来。在最后的关头，就是自控力在呼喊——“我不会放弃你”。

一些人持有这样的观点——一个人如果希望成为高明的思想者，必须首先在各方面具备全面的素质，对判断分析的逻辑推理过程了如指掌，这样的认识是非常错误的。拿捏逻辑当然对思想帮助非常大，但是毕竟逻辑是思想的产物，而不是相反。不断地坚持以正确的方式进行思考，到一定时候必然会形成自己有效有益的逻辑推理体系，虽然这个人本身也许对这一点并没有意识。

切记，高超的思想或者与一般的常识相符，或者与它相悖。它唯一的老师是经验，但是经验很少有重复的时候，发生过一次的事情不大可能再以同样的方式发生第二次——第二次发生的事情必然会包含新的因素，所以常识的运用是一种推测的过程，是以一事推及另一事的分析过程。最高明的思想者应该具备大量的常识。

对于医生、律师、水手、工程师、农民、商人和政治家来说，他们不是依赖常识而是靠系统思考工作的，虽然他们在考虑问题的时候往往也会参考常识。这样的思考是条理分明的思考。连贯、深刻、清楚地思考是错误和失败的克星，它与迷信、伪科学、反人性的信仰、不加控制的情感、古怪乖僻、狂热痴迷更是针锋相对。缺乏思考能力导致金融恐慌和商业企业的倒闭，使政治纠纷和政党问题迟迟难以解决，使人民处于愚昧混沌的状态，使富裕的人刻薄寡恩，并且使宗教渐渐失去进步作用。

从自控力的高度来说，没有坚强自控力的人不可能进行深入而持久的思考。所有的思考都需要权衡利弊、分析优劣的能力。而所有自愿的思考都会增强自控力。

提高思维能力的8种练习

练习1

选择一条简单而又有意义的真理。把注意力集中到这条真理上，排除其他思绪的干扰。比如，“人是不朽的。”那么只考虑人的不朽性。从一切可以想到的角度考虑人的不朽性。人有身体，什么是身体？身体是不朽的吗？人的身体是不朽的吗？如果不是，这两个问题的答案都是否定的，为什么不是？如果两个问题的答案都是肯定的，那么为什么？从哪种意义上来看是这样的？

人有大脑，什么是大脑？思维是不朽的吗？如果是，思维的哪些方面是不朽的？为什么你认为它是不朽的？如果大脑是不朽的，那么有什么目的？再从头开始，人有道德意识。道德意识是什么？它是不朽的吗？在什么意义上是不朽的？道德意识中哪些因素是不朽的？为什么你相信是这样的？人作为具有道德意识的实体，其不朽性有什么价值？

然后，对其“不朽性”进行深刻思考。什么是不朽？以任何可能的方式考虑不朽性与人的联系。不朽性与人有什么关系？不朽性有没有什么与人相关的状态，这些状态是真实存在的吗？人，在你看来，在不朽性的意义上占据什么样的地位？

在你看来，变得不朽需要什么样的过程？人去世的时候应达到一种什么样的状态？人去世以后会到什么地方？他要干什么，他的现状与能够设想的将来状态之间有什么关系？他关于不行的想法是从何而来的？这种想法对他的生活有什么影响？人为什么应该变得不朽？想到人的时候，一定要想到他的“不朽性”，想到不朽性的时候也一定要想到“人”的概念。

上面只是一个例子。这样的练习应该每天坚持，每天考虑一个不一样的句子或者概念，无限地坚持下去。每天做记录也是个很不错的方法，这样自己可以不时地做些比较，看看自己就某个问题的分析能力、注意力和持之以恒的自控力有多大提高。6个月之后，你会注意到显著的进步，并且越来越喜欢做这样的练习。

如果你一丝不苟严格地按照我提出的建议去做了，你一定会发现，自己正在养成开门见山、毫不拖延的行为习惯。如果有毅力坚持下去，你就一定不会失败。

练习2

如果你正在骑马，奔驰在一条乡间小道上，看看周围的风景。你觉得风景非常漂亮，是哪些东西漂亮呢？给这个问题想出一个答案。现在更深地沉入对眼前风景的思考中。什么是风景？把这个问题考虑清楚。

继续问自己，这里是什么样的风景？观察风景大致的情形和突出的特点。那么它有什么更重要的突出特点使你觉得它非常漂亮呢？观察细小的地方。这些细节有什么漂亮的地方？这些美观的细节对整个风景而言有什么作用？这些景观怎么改进一下才能变得更漂亮？改动一个或另一个地方会不会增加整个地方的美感？你是否已经发现了这个地方所有让人觉得美的因素？第二次开车经过这个地方的时候，考虑一下这个问题。你对这一片乡村熟悉吗？它以前是不是比现在更漂亮？有没有其他人说过这个地方很美？如果没有，在你看来为什么？还有一个问题，你是否确信自己对美的判断标准是正确的？你是否觉得你认为美的地方别人也有同感？或者别人觉得美的时候你也同意他的看法？你是否认为他们看到了和你看到的同样的色彩、形状、轮廓、比例、强弱对比以及错综交织的搭配？你是否相信这样的风景唤醒了他们同样的情感、思想和愿望？经过这样的一个过程，你的大脑开始沉浸在自主而有条有理的深沉思考之中。小心注意，不要让你的马跳到路边的水沟里。如果你按照我提出的指导去做了，那么现在你就在进行全神贯注的思考。

集中注意力是伟大思想发源的秘密。这个练习每次都应该根据情况灵活地变动，因为在各种各样的机会和场合，触动你考虑的主要问题是不一样的。这样的练习至少要坚持6个月，每天都用这里提出的方式指引自己。

练习3

选择一个简单的句子来思考，比如，“生命过程中的成功取决于崇高的理想和坚强的毅力”。把这个句子完整地写下来。现在提出这个句子的主干：“成功……取决于……理想……毅力。”认真考虑每个词的含义。然后想一想放在每个词前面的修饰限定词，就成了：生命……崇高……坚强。

你有了这两个句子框架就可以随心所欲地把它们进行修改，但内容应该保持和原来基本一样。例如改为“生命的成功在于崇高和毅力。”这里所指的成功是不能缺乏崇高性和坚强毅力的成功。

同理，也可改为：“成功的性质取决于理想和毅力的性质。”如果一个人具有的是卑鄙庸俗的理想或毅力，那么他的成功也是卑鄙庸俗的。

运用上述方式，选择不同的句子坚持练习6个月。

练习4

把前面的练习中用过的例子写下来，作为例子。“生命过程中的成功取决于崇高的理想和坚强的毅力”。现在围绕“理想”看看这个句子的前半部分，可以用“怎样”“为什么”“什么时候”“什么地点”“什么人”等疑问代词来发问。“生命过程中的成功是怎样取决于崇高的理想的？”“为什么生命过程中的成功取决于崇高的理想？”“生命过程中的成功取决于崇高的理想的什么方面？”“什么时候生命过程中的成功取决于崇高的理想？”

这样一直问下去，直到所有的疑问代词都用过为止。把每个问题的答案完整地写出来。然后把“崇高的理想”换成“坚强的毅力”，再用同样的问题考虑这句话的含义。把后一个问题的答案完整地写出来。然后把整个句子连贯起来，用“什么人”来提问。最后，仔细看看自己在纸上记下来的所有问题的回答，用合乎逻辑的方式把它们加以排列，然后用现有的这些材料写一篇短文。你会发现用这个办法可以为任何问题找到突破口。

至少坚持练习6个月。这只是一个例子，并且这个例子也不全面。可以把一个句子或一个问题的每个单词和词组依次去掉，换成其他内容来进行考虑。

到一定时候，大脑在进行类似分析和思维的时候就会变得烂熟而深入，这样你看过的任何有价值的东西都会为你揭示某种秘密。仅凭此一点，就值得我们为之努力了。

练习5

如果注意力集中就可以写出好文章。任何思考的人都可以写作，不管写得好还是不好。写作是思考的一种非常有效的辅助手段。你试着写的时候，很可能会发现自己懂的东西其实只是一种模糊不清的意识。随便想一个东西、事实、真相、规律或者假设。例如，万有引力的法则。现在就万有引力尽可能地提出问题。

用我前面提过的“什么人”“为什么”“什么时候”“什么地点”“怎样”“在什么样的条件下”“多长时间”等来发问。那么，万有引力是什么？它作用于什么样的物体？它什么时候发挥作用？它怎样发挥作用？等等，直到你把自己能想到的问题都问了一遍。从各个角度考虑这个问题。在各种情况下考虑这个问题。找出它的性质、作用、原因、结果以及与其他自然力的关系。要刨根究底。

把它揉烂捣碎彻底消化。把所有问题的答案完整地写出来。

然后用某种逻辑关系把这些问题以适当的顺序排列起来。现在看看眼前的材料，你会发现新的想法不断地涌现，你需要重新给这些问题排序。再把它们全部写下来。然后以最好的方式把你的这些总结写下来。

上面所述的这个练习至少要坚持6个月。

另外，你还应研究那些文笔简洁优美的作家是怎样细致入微地表达的，怎样正确地形容某些情形和场合。不时回头检查自己的记录，看看写作能力和解决问题的能力有何进步。一定要随时注意直截了当、简单明了。

不要用夸大的词，把你的修饰限定词去掉三分之二。无论什么时候都要尽可能地用最少的词来说明最多的内容。

练习6

然后，认真地进行思考，就像把它写出来一样全面、清晰。记住思考的内容，但是不要逐字逐句，必要的话可以用几天的时间，直到你的脑海中有了完整的核心思想，随时可以把它写下来。心里要想着把思想说出来，就像与人交流的时候一样。如果你彻底掌握了这个问题，把你的思想大声讲出来。

找一群人来听你演说。要热切，要振奋。世界上的任何人都可以振奋起来，用手势增加你的力度。什么也不要怕，不要担心出错。热忱地做好这件事情，忘记世界上任何其他事务。要发自内心地充满自信地做这次演说，就好像你的听众都是第一次听到这个原理。这个练习应该持续进行好几个月。每天抽出一段时间专门练习。几乎所有的现实事物都可以成为思考的对象——商业、政治、农业、杂志等等。

经过一定的练习之后，最好避免一般性的话题，选择一些专业领域，比如径流、党派、芹菜的种植、气体的液化等来加大思考的难度。

练习 7

努力发现自己思考过程中所出现的漏洞。你的主要前提是否正确？表达时选择的字词是否适当？从你的前提是不是可以推出你的结论？你为什么相信某些事物和现象？这些事实和现象的基础是确凿无疑的吗？事实的数量是否足够大，可以作为得出结论的基础？你在分析事实的时候有没有先入为主的倾向性？

你有没有觉得自己思考这个问题的时候带有自己的主观愿望和偏见，或者对某些方面缺乏必要的知识？一定要保证事实的真实可靠性，并且只能演绎出此结论而非彼结论。

练习 8

运用上面所述的方法来分析其他人的思想。不要变成一个呆板乏味的人，也不要存心挑剔、吹毛求疵。相反，要保证所有的理由能支持你所断言的结论。

正如本书作者在另一本书《锻炼果敢的气质》中所说的："当精神层面倾向于追求事实的真相时，大脑是健康而明智的。"对专心思考的研究是为了使你养成习惯，掌握影响眼前事物的方方面面，观察所有可能的原因和结果，在此基础上做出"做"还是"不做"的决定。那些没有养成全面考虑问题习惯的人很容易变得狭隘，并且惹人讨厌。然而，把眼前事物的所有可能性挖掘出来进行分析的过程只是全面思考的一部分。

与思维能力有关的两个黄金法则

法则一：剥开问题的表象看到它的本质

"某人在路上见到一个幽灵。"——我们虽然希望他看到的就是事实，但只能说他只见到了事实的一部分，他看到的不过是一截长着两三根光滑枝丫的比较高的树桩而已，由于晚间各种灯光和阴影的作用给人造成了幽灵的印象——由于不能忽视周边环境的因素，我们需要考虑的事实范围从一个对象扩大到了多个对象。

所谓的事实有很多都是通过对事物表面现象的观察而做出的某种推断，那么到底什么才是真正的事实？那个人看到的“幽灵”的身体是树桩，四肢是树桩上的枝丫，灯光的变幻和阴影的摇曳造就了这个“幽灵”，因此“幽灵”属于“假设的事实”，真正的事实是：由于这个树桩处于一个特定的环境中，让这个人产生了感官上的错觉。

“尽管有一万种可行的方法，我只会采用可以治愈全部疾病的那一种。”世上本来就存在着上百万种治疗疾病的方法，这点我们无须否认，但是在治疗某种具体的疾病的时候也无须生搬硬套现有的方法，也要坚持全面分析、灵活处理的原则。就像传说中的幽灵一样，无论这个概念是属于基督教科学派还是精神治疗派，是通过毒品等药物作用产生的幻觉还是祈祷过后见到的异象，所有这些因素对我们来说都具有某种程度的表面化的意义。当你比较同一个问题的多种不同的解决方法时，不妨试着剥开问题的表象看它的本质——这是能够从各种现象中分辨出事实的比较客观的测试方案。

法则二：通过确保事件细节的真实性来了解真相

许多事物如同被施了魔法那样，呈现在人们面前的有其假定真实的一面，也有其确定真实的一面。当人们的意愿坚持想要看到的真相时，许多编造的事实都会消失不见，真正的事实等待着人们的发掘。古往今来，迷信对科学精神的伤害远甚于对我们生活其他领域的不良影响，随着科学的日益昌明，隐藏在许多事物的各种表象之下的真相逐渐露出水面，包括透视能力、超人的听力、催眠、恐惧、想象等等。人们如今正在利用科学的手段，试图弄清催眠术、神秘主义、灵性学说、宗教等未知领域背后的真相。

我们的结论是：通过确保事件细节的真实性来了解真相。先假设每一种命题都有可能是真实的，但在没有找到明确的证据之前，不要轻易相信任何事。

学习专注思考的目的是练习你养成全面客观地看待所有问题的习惯，让你学会观察和分析各种可能性，想出应付各种结果的解决之道，在所有可行的计划中做出最合适的选择。没有受过全面看问题练习的人，其思想往往流于狭隘和片面，不会受到他人的欢迎。

专注地思考

通过思考，找出你所面临的所有问题与各种可能性的过程只不过是一整套环节之中的某个步骤罢了。你还需要通过更加专注的思考，摸索出一条正确合理地解决问题的途径，它必须可以使行动在最佳的时机，取得最好的效果。

“要在现实世界获得成功，不仅要求多思，思维的敏捷更为关键，许多事情等到大多数人想出解决之道的时候，早就为时已晚了。”

适应并习惯深刻专注的思考。

总是设法全面地考虑问题。

在试图做某件事之前先进行各种必要的设想和考虑。

看到自己的思考所针对的目的和方向，你还必须开始行动，把行动放在所有重要问题的前面。在这个世界上，成功不仅需要大量的思索，还需要思索之后果断的行动。

根据本章的要求锻炼自己思维能力的时候，一定要随时想着“我要有意识地运用自控力”，不要分散注意力，想达到目的就马上把注意力重新集中起来。

第二十一章　记忆力练习——征服健忘的有力武器

对于知识，你的记忆要像蜡一样融化吸收，

像大理石一样坚固地保存。

健忘的真正原因是意愿的松懈和懒惰。

征服健忘只有一个武器——钢铁般的自控力。

我对自己见过的任何东西都保持着清晰鲜明的印象。对被观察物的兴趣越大，它在你脑海中的印象就越生动，对它的记忆也就越深刻，我发现这种规律对我本人特别有用，通过它的帮助，我根据记忆可以随意想象自己身处某个环境。这种心智的积极活动使我可以立刻从众多记忆的画面中回想起令我感兴趣的内容。

——约翰·科特博士

记忆力的黄金法则

约翰·拉斯金曾经说过：“人类只能通过两种强有力的东西才能摆脱遗忘的困扰——诗和建筑。”拉斯金是站在历史的角度说这句话的，如果从人类个体的角度来看，能够征服个人遗忘的唯一强大因素就是坚定的意愿。经典的诗篇和宏伟的教堂把它们那个时代刻进了世界历史的记忆，坚决的自控力可以让个人的记忆长久地保持下去。

德怀特·西里斯曾在一次演讲中提到，他“已经忘记了自己的记忆”，这是一种古老的幽默。人们经常忘记各种事情，也许是因为思考得太过匆忙，无法抓住想要记住的事情。

遗忘的根本原因还是在于自控力的薄弱。

如果你想提高记忆力，你只有一条黄金法则可供选择。这条法则就是坚持不懈地进行有益的锻炼，让自己的记忆处于经常锻炼的铁腕控制之下。

我们记忆什么？脑海中的印象。是什么合成了脑海中的印象呢？首先是注意力，当然还有理解力、想象力、鉴别力和强大的自控力。在所有这些记忆要素中，至关重要的是最后一点，即自控力。

詹姆斯教授曾经总结出了下面的规律：“当我们有意识地考虑一件事情的时候，记忆已经把大脑中已有的相关内容提炼了出来，思考的结果直接和记忆的搜索有关。”欢乐、痛苦和其他类似的情感很容易回想起来，就是因为它们在脑海中留下了很深的印象。而为了获得深深的关注，应该努力将强烈的印象“记忆”在心里。这样我们就可以说，注意力就是自控力，自控力就是注意力。

卡本特博士说：“任何回忆都需要对思维方向施以有意识的控制。”

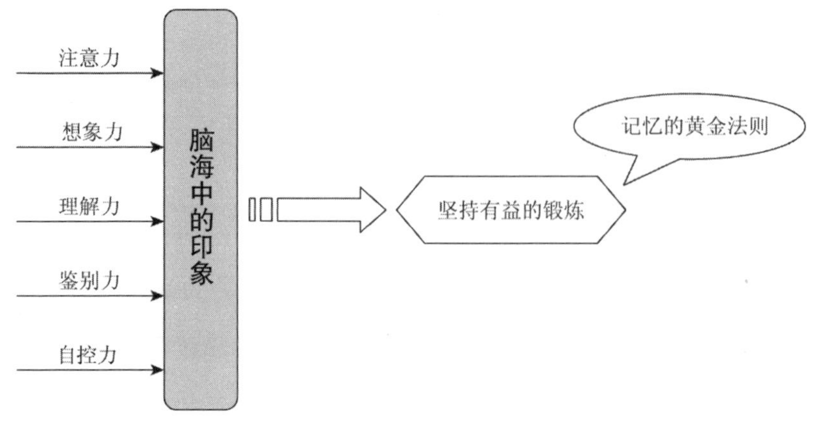

记忆力的黄金法则

提高记忆力的14种练习

练习1

挑选一篇你能找到的简单明了、言简意赅的英语短文。仔细地阅读其中的某一段，明确段落中每个单词的含义。

只要稍有疑惑就查字典。省吃俭用一个月，买一本最好的字典。当你完全弄懂了第一句话中每个单词的意思，你对整个句子的意思也了然于心。不要像鹦鹉学舌一样不求甚解，要思考，并且要有意识地记忆这些单词和它们的含义。继续坚持下去直到你能够把这一部分背诵下来为止。

然后用同样的方式阅读和记忆下面的部分。把它们牢牢地记在脑子里。现在回想一下到此为止记下来的内容，反复记忆，整个过程中一定要精力集中、全神贯注。切记，不要记忆太多单词，你自己可以很容易地判断，每次记忆多少个单词对你是最合适的。千万不要忘记语言所表达的思想内容。词语在不同的语境里往往可以有不同的含义，一定要注意它在这里的含义是什么。

如果你一天当中把这个句子重复很多次，那么这个句子很快就会牢牢地在你脑海中扎根。如果你在第二天重复这个练习，回忆这个句子并记忆下一个句子，那么第一个句子将在记忆中留下更深的印象，而第二个句子也会像第一个句子一样得到充分的理解。多次重复的价值并不是新观点。但是这个练习的意义不在于单词的重复，而在于全神贯注地思考和理解。所以，重复的时候一定要研究并掌握单词所表达的含义。

假设你在背诵短诗或者散文。在一句一句理解之后，你应该从头到尾经常重复这首诗或这篇文章。打个比方，几天以后复习一次，几个星期以后再复习一次。在相对较短的时间内，这首诗或这篇散文就会根深蒂固地保留在你的记忆之中了。一年复习一两次，这样可以防止它们不知不觉地从记忆里“消失”。

如果你只关心内容，那么在交谈或写作的时候尽可能多地利用它，在你自己的材料中把它充分地加以运用，这样你就可以把它深深地铭刻在脑海中了。做了这些事情，原文的字词语句就没有太大的重要性了。这是在法官面前也可以申辩的剽窃。有的书不值得费很大的劲认真阅读。

而仔细阅读另外一些书则会给你带来很大的回报。即使你一年当中只掌握一本薄薄的书，那么随着日积月累和潜移默化，最后的结果将是非常显著的。

当然，值得精读的书很少。你看重的是它的内容而不是字词语句。假如某种程度上这本书的技术性或专业性不太强，那么，这些内容可以用下面的方法获取。

练习 2

要做到了解本书的内容。非常认真地读其中的一段，一定要注意看清每个单词和整个句子的意思。领会句子所描述的完整事实或理论，大声地用自己的话把这个中心意思说出来。再读一次，用不同的话把它的内容讲出来，不管是用作者的话还是你自己的话。

设想你在和某个人谈话，向他背诵这段内容。随时寻找机会对某人谈论这段内容。做一位会说话的老师，但是不要故意装腔作势地好为人师。不要变得总想惹人生厌地进行说教，而要成为一位妙趣横生的谈话对象，让认识你的人都喜欢和你说话。但是记住，一定要尽可能地把书上的东西消化吸收，变成你自己的内容。

除了上面所提到的几个方面以外，一天当中要把这句话向自己重复几次："这本书说的是在某地方发生了某某事情。"——说清楚时间和事情的内容。适当地多次重复。锻炼记忆力的时候，要从书的某一部分同时向前和向后扩展。一天结束的时候，把你目前为止掌握的内容整个回顾一次，然后看着书检查一下自己有没有错误的地方。继续下面的练习直到你掌握了整个章节的内容。

现在，在不看书的情况下试着在脑海里想出整章的思想结构。然后把这个主干记下来。这一章的内容也许可以用一两句话来总括，也可能需要用几个句子来清楚地表述。用你自己的方式把它总结出来。

这种方法有助于全面把握。然后，每隔一定的时间，用同样的方式回忆复习这个大致的思想结构，对它进行详细的修饰限定。现在用同样的方式继续阅读并记忆第二章。一定要把写在纸上的思想转化成你自己的语言。在第二天阅读之前，先把前一天读过的内容的大致思想回顾一下。

第二章看完之后，根据记忆回忆它的思想轮廓。同时，在做本章的记忆练习的时候，把前一章的大致内容以及具体含义回顾一下，注意不要颠倒它们的顺序。第二章记下来之后，不时地想一想这两章之间有何关联。然后把目前为止你读到的思想内容重新综合起来建立一个轮廓，使之成为自己永久记忆的一部分。

以同样的方法继续练习，直到你掌握了整本书的内容。记忆的过程中不要理会那些细枝末节的部分，与中心思想没有关系的句子或者段落可以丢开不看。这样的练习需要极大的耐心才能坚持下去，但是经过这样的练习，你一定会牢牢地掌握这本书的内容，一定会使你的阅读能力和记忆能力得到大幅度的提高。

如果你对主要内容了然于胸，大脑会自然而然地为你提供必要的例证和语言来充实它。如果你读的确实是一本好书，那么你会获得一种能力——在读书的时候考虑问题会更周详，当然，你阅读的内容不能是技术性的或类似性质的内容。

练习3

找一个房间，在房间里慢慢踱步的时候，迅速扫视一下房间里的布局和陈设，尽量注意到细节的地方。接着到另一个房间里去，尽可能地回忆你刚才看到了哪些东西。

不要心不在焉，要热情专注地做这个练习。每天练习，坚持10天后中断2天，把结果记录下来。第10天的时候做一个比较。

练习4

逛街的时候，注意观察你身边的事物。走过一个街区也要尽量回忆自己刚才看到的东西。

每天重复这样的锻炼。坚持10天后中断一下，第10天的时候比较记录下来的结果，看自己进步如何。

练习5

睡觉之前，确定好起床的时间，时间一到马上就要爬起来。

如果一次没有做到，不要灰心沮丧，坚持下去，你一定会养成习惯，到时候自然会醒过来。坚持下去直到你能够在某个固定的时候醒来为止。

练习6

在固定的时间做固定的事情，锻炼自己养成这个习惯。

你一定要有决心，但是并不要时时刻刻都想着这件事情。想过这件事情后马上把它从脑子里排除，继续像往常一样进行日常事务。刚开始可能很难做到，但是只要坚持不懈，最后你一定会习惯这样的做法。习惯一旦形成，它的力量就会显示出来。

练习7

放学或下班时，试着走一条与去的时候不同的路回来。

把这个打算作为自己坚定的决心，千万不要在行动上抵触这样的决定。

练习8

在去上学或上班时，尽可能多地走不同于出门时打算走的路线。

每次走过一条新路线之后，再计划一条第二天往返要走的新路。

练习9

在新的一天开始的时候，要为自己当天的活动做好计划。学会井井有条地安排事情。

自己要成为自己的主人。安排好一天的事情之后，如果能够实现的话，尽可能以不同的方式执行。每次计划的时间不要多于一天，除非你要做的事情一天难以完成，如果是这样，把特殊的事情留到第二天上午。

做计划的时候要认真、坚决，但是不要过多地考虑具体的细节，以免干扰自己整体的计划。要求自己按照计划做每件事情，但是不要把这个计划当成不必要的负担。在计划中只规定自己要做的事情应该达到什么结果，细枝末节的因素根据当时的实际情况来决定就行了。

练习 10

每天晚上都做一个回顾。回顾一下：自己一天里曾经有过哪些想法？做了哪些事情？自己最有价值的想法是什么？最强烈的感受是什么？最重要的行动是什么？自己的计划实现了吗？如果没有实现，是什么原因？你的思想、情感和行为有哪些改善和提高？你的动机是什么？这些动机是否明智，是否值得？下决心第二天要做得更好，把这个决心纳入自己第二天的计划里。

上文中所提的建议是在大脑思维的规律基础上建立的。如果它们看起来显得毫无意义并且乏味无聊，这说明你意愿不强，容易动摇。这是一条规律。詹姆斯·萨利博士说过："能够预先看到出现的结果会扩大自控力的范围。因此，只要我们的日常行为有条不紊，遵循固定的做事计划，它们就会成为自己有意识的决心。把行动置于自己有意识的控制之下，就像前面提到的，是一种习惯性的决心，它随时准备在某种情况下以某种方式做某些事情。"

练习 11

坚持每天都学习一些新东西，把这个作为自己终身不变的习惯。尤其要特地从自己的本行以外寻找新事物。这是对毅力的检验，也可以促进记忆力的提高。

练习 12

经常把时间和事件记在脑子里，不时地加以回忆，使自己不至于忘记。把历史事件的日期串起来记在脑子里，经常复习。

练习 13

把自己周围引起人们兴趣的事件列出来，言简意赅地概括事件的主要内容。记在脑子里并时常回忆。

练习 14

把一些重要的名字列出来记在脑子里，比如美国总统、英国王室成员、美国海军舰队等。

根据你的大脑特征，改善你的记忆力

大脑最倾向于记忆些什么？

大脑的记忆喜欢在脑海中构思图像。

大脑的记忆喜欢注意抽象的概念。

大脑的记忆对原则特别感兴趣。

大脑的记忆喜欢把规律扩展开来。

大脑的记忆注重细枝末节。

大脑的记忆善于总体把握。

大脑的记忆尤其倾向于喜悦和疼痛的印象。

大脑的记忆对数字和日期印象清晰。

大脑的记忆对主观得到的感觉尤其敏感。

现在，对于每个普通智商的大脑，在某种程度上都具备我们上面提到的这些特点，但是我们没有人尽善尽美地具备所有这些特点。大脑的类型是由占主导地位的特点决定的。记忆也是这样。如果上面也有符合你的记忆类型，如果你希望提高自己某些方面的特点，那么就需要针对这些方面的特点进行不懈的锻炼，养成固定的习惯，朝着既定的方向努力。你尤其需要注意这几个词：决心—注意力—持之以恒—反复多次—联想—习惯，这几个词代表了需要付出的努力程度和方向。

以记忆细节为例，你是不是总记不起细节呢？首先你需要有决心改进这一点，然后随时想着这个问题，不断有意识地克服自己的缺点，把要记忆的细节与自己能够想出来的其他迹象联系起来，养成随时关注细节的习惯。

人们会忘记事情，部分原因是他们一开始就没有记住。有些情况下，最初的记忆确实是有过的，但是这种记忆短暂而肤浅，所以下面这句话能够体现这种情况："我以为自己的工作已经结束了，没想到才刚刚开始。"对我们大多数人而言问题就在这里，以为记忆得非常牢固。实际上中间还需要不断地巩固和复习。

换句话说，如果你知道自己确实记得什么事情，一定要不间断地加深

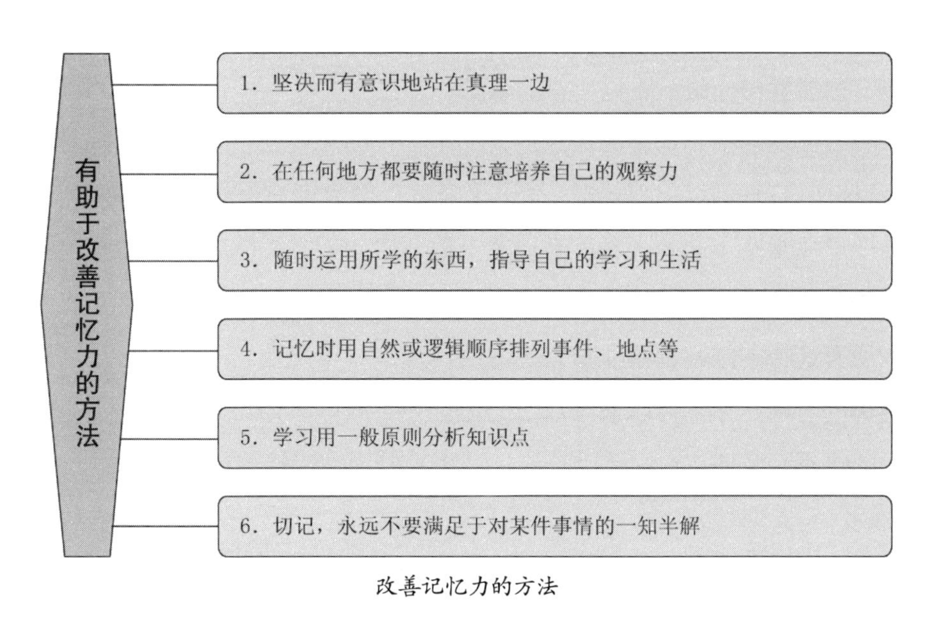

改善记忆力的方法

记忆，就好像一下又一下地用锤子把钉子牢牢地敲进去一样。但是最初的记忆一定要和头脑中已经存在的某些印象相关联，这样通过联想会把两者融合在一起。在最初记忆的时候不妨死记硬背，因为这样会使大脑细胞习惯于某种特定的方式，大脑活动就可以得到发展，从而促进记忆力。

记忆力是观察力的基础

记忆是观察的素材库，观察是一门很高的艺术。在谈到这个问题的时候，格罗夫斯说："罗伯特·霍迪尼父子俩因为他们令人眼花缭乱的魔术表演而声名远扬，他们的过人之处就是他们有着敏锐的观察力。他们做的事情简直就像奇迹一样，因为他们的眼睛已经习惯了细致入微的观察。他们从房间里经过，或者从船舱的窗口向外看，都会把自己看到的东西在脑子里一个不漏地记下来，然后比较两个人的笔记有什么不同之处。一开始他们看到的东西很少，但是后来他们能够迅速地捕捉到大大小小几乎所有的事物。"

一个非常好的办法是从高处俯视房间和房间里的东西。然后闭上眼睛回忆自己见到的东西——房间的外观和大小，里面的家具布置和陈设，家具的数量、质地、颜色。刚开始你也许记得没那么确切，但是经过长期的锻炼和坚持，你能够扫一眼就看见所有的东西。

夜晚睡觉之前，把白天见过的人和事物在脑海里挨个儿回想一下。特尔罗·威德使自己的脑子"像蜡一样熔化吸收，像大理石一样坚固地保存"。另外一个非常了不起的人看了看地图上他要去的地方，然后闭上眼睛回想这个地图上的标示。15分钟之后就把它像烙印一样深深地刻在脑海中了。

所有这样的练习都是非常有价值的，应该尽可能地培养这些能力。即使在逛街的时候，你都可以锻炼自己的记忆力。锻炼记忆力的时候一样要唤起自己的执着和坚韧，一定要下决心："培养好记性，培养自控力。"

第二十二章　想象力练习——培养带有预见性的想象力

身体活动会受环境的限制，
但在巴掌大的地牢里，
想象力也能张开遮天蔽日的翅膀。
想象力是造物主的恩赐，
我们无权践踏，
只有精心呵护它。

当一个人想要进行想象，或只是表示出希望进行想象的意愿时，他就已经开始想象了。所以，想象并不是自控力独有的产物，人在任何精神状态下都可以进行想象。

——奥普汉姆教授

当他投身于创作时，他首先通过熟读别人的相关作品酝酿灵感，在阅读的过程中，即使是最微小的一点暗示也可以激发他的想象力，其能量足以点燃并且引出一连串的思索和联想，然而自控力在这个过程中却没有起到丝毫的作用。我认为这是他的一种实践。

——托马斯·摩尔爵士《拜伦勋爵传》

带有预见性的想象力

“世界舞台上的杰出人物都是想象力丰富的人。”这个论点是从想象力的角度提出来的。一个人的生活是受制于潜意识的本能反应，还是把自己的行为牢牢地置于清醒意识和理智的控制之下，这是有着根本区别的两种生活方式。我们应该培养想象力，因为想象力在我们的生活中具有非常重要的作用，但是想象力的培养一定要在理智分析的基础上进行，并受到意愿的指引。关于“主观的头脑”，奥斯顿在《大脑的力量和权威》中说得好：“从自控力提供的材料中获取营养才能创造出更多的作品。”叔本华也说过：“我的大脑从智慧和思想中吸取养分，这些养料为我的作品提供了能量。”

所以，想要提高自己的想象力并不仅仅需要自控力的帮助，还包括在理智的基础上，对内心深处进行自我教育，在生活中树立正确的动机。

想象力有各种各样的种类，如科学的、数学的、发明性的、哲学的、艺术的等等，而其中道德的想象力远远地居于所有种类之首，被认为是最重要的。这里除了道德的想象力之外，我们不考虑过多的种类。想象力是自控力不可或缺的要素，因为自控力涉及动机和结果，大脑需要具备清晰的预见和推想能力。

行动就像推理一样，最重要的是找到适当的缘由。

很多人都无法达成自己的意愿，这是因为他们看不到所有处于对立面的动机，而在遇到挫折或困难的时候又往往想不到自己的行动将会产生什么样的结果，不能激励和督促自己把事情坚持下去。

因此锻炼意愿的时候还需要分析自己的意愿、理由或者目的，学会预见行动将会产生的结果。

詹姆斯教授曾经说过：“成熟的思考是把可能的要素在大脑里翻来覆去地掂量，考虑做还是不做各有什么利弊和优劣。”带有预见性的想象力比毫无目的的遐想要好得多，它是在自控力引导下的一种理性思维。

培养带有预见性的想象力的16种练习

练习1

发挥自己的想象力，设想一朵玫瑰花，想象它的芳香。你正在一座开满玫瑰花的山上，山上飘荡着浓郁的玫瑰花香味。花香对你会有什么作用？在这种情况下你会干什么？滴一滴香水来重复这个练习。然后设想满满一湖的香水会产生多么浓烈的香味。再次发挥想象力，想象一片森林里小鸟婉转啼唱，此起彼伏，都是热闹的情形。

所有上述练习都应该在一间安静的屋子里完成。一定要调动自控力管住自己的大脑，努力做这个练习。想象的时候要尽可能地清晰真切。反复想象直到这幅图像在脑海里生动地浮现，就像真实地呈现在眼前一样。

练习2

找一个小溪或瀑布，站在旁边。现在认真地倾听传到耳中的声响。各种声音混合在一起有一种整体的声音效果。这种声音听起来像什么？它让你想起了什么？它使你发生出什么样的情绪？你对这个声音的整体效果逐渐适应后，试着辨别这个声音是由哪些声音混合而成的？把这个过程认真细致地完成后——即把整个声音拆分成不同的组成部分之后——想象其中的一种声音非常响亮而清晰，让这个声音尽可能地响亮，然后继续想象另一种声音，第三种声音，不断地继续下去，直到所有的声音组合都完成。

在练习的最后阶段，从这个有声音的地方换到一个安静的地方，回想刚才听到的声音——首先是作为整个的组合声音，然后是刚才分析过的每一种声音。不断地练习，直到能够很随意、很轻松地把这些声音想出来。

练习 3

在自己的记忆中挖掘一处以前见过的美丽而又真实的风景。不容易想起来的是那些细节的地方，但是细节一定要有，只要不断地回忆，你一定能想起来。一定要使回忆中的这个地方就像真的一样，清清楚楚地呈现在你的脑海里。

在这个过程中，你需要不时调整自己最初想起的图景，使这片风景栩栩如生地展现在你眼前。让大脑保持敏锐积极的想象，继续用不同的风景来进行这个练习，直到你能够随时随地毫不费力地想起某种真实的景观。

练习 4

回忆一次给你留下深刻印象的经历。再次在脑海里重新经历当时的每个阶段和整个过程，要一点一点不断地回忆，带着强烈专注的感情。

想一想这件事情的起因与细枝末节的关联，以及当时给你造成的影响。当时你感觉愉快还是痛苦呢？不管你当时的感受如何，说明它的原因。它对你今后的生活造成了什么后果？你会不会重新体验这个经过？如果不会，为什么？如果你可能再次做同样的事情，又该怎么做？如果你要避免将来发生同样的事情，那么该怎么防止？继续回忆各种各样的经历，直到做事谨慎和三思而行的教训深深地铭刻在你心里为止。

练习 5

选择一间安静的房间，在自己的脑海里虚构一幅图画，比方说你从来没有见过的东西：一只奇形怪状的鸟；一只动物，也许漂亮而奇异，也许温顺而丑陋；一座高大的建筑，富丽堂皇而神秘难测；一片风景，古怪而富有魅力或者荒芜而贫瘠。不要使大脑陷入想入非非的状态。你要尽可能用自控力控制大脑的思维方向。

练习6

睁大眼睛，盯住一个比较大的东西，看看它会不会触发你某个方面的想象力。你看着的东西是一匹马吗？让它长上翅膀，飞到广阔而遥远的其他星球上去。你看着的东西是一轴线团吗？把它想象成蜘蛛的网。如果要把它织成一千件长袍，或者用它来发送信息，只要你运用意念在上面吹一口气就可以了。继续用不同的东西进行这样千奇百怪的想象，直到自己的想象完全置于自控力的控制之下——可以激发或收敛想象的发挥。

练习7

选择一位经典作家的作品，从中找一句话，这句话应该是想象力丰富的最佳体现，在脑海中想象这句话所描述的图景。

洛威尔在《麋鹿日志》中写道："有的时候篱笆伸长它泛白的犄角，就像猎人收获的丰厚战利品。"这句话的作者告诉我们，敏锐的观察和丰富的想象对于一般人而言是一扫而过的东西，与众不同的人都能够从中迅速捕捉到很多信息。

这种能力是可以培养的。对意愿坚定的人而言，它就像阿拉丁神灯一样会让主人所向无敌。现在试着想象洛威尔笔下的情景，把篱笆想象成泛白的犄角。作者为什么要让犄角泛白呢？

我们可以从洛威尔的作品中再引用一句话："四五只潜鸟排成一支长队，蜿蜒曲折地在空中飞来飞去，不时地发出野性而胆怯的啼叫，这声音听起来总是非常遥远，就像山谷里最后一丝连绵不绝的泉水余音，正因为不时传来若有若无的微响，而不是令人不安的寂静，才使得山谷里显得更加寂寞空旷。"现在，试着想象一种声音让你想起"山谷里最后一丝连绵不绝的泉水余音"。

如果你听过潜鸟的叫声，尽量在脑海里设想这样一幅生动的景象。不管你有没有听过潜鸟的声音，也要把眼前看到的文字描述转化成真实的意境，呈现在脑海里。不要三心二意，不要走神想其他事情，保持现在的场景给你的印象和感觉，然后坚决地把这个场景和自己的感受从意念中遣散。用这样的句子来激发自己的想象后，再用自己的话将这番盛景描述出来。坚持做这一练习，直到你能够轻松地发挥自己的想象。

令我们觉得遗憾的是，很多人都忽略了下面这句古老的格言："认识你自己。"为了开发自我这片沃土，真是值得付出大量的努力。洛威尔写道："一个人应该对自己的各个方面了如指掌，不管是自己内心微妙的感触还是外在的言行举止，只有了解自我，一个人才能开始对这个世界进行了解和探索。"

一个人的精神历程也大致一样。"遨游在自己内心世界的人，"洛威尔引用托马斯·富勒的话说，"畅游了每一条狭长的水道，探索了每一个隐秘的角落，但是还有很多'从未涉足'的领域，不是吗？"在阅读之前，我们应该先学习怎样阅读；在学习之前我们应该先学习怎样学习。这些练习的内容针对的是人类宝贵的天赋机能。它们从简单的事情着手，因为这是最好的方法。如果一丝不苟地按照我们的指导去做，那么结果就是想象力得到极大提高，尤其要说的一点就是自控力的提高，这是实际生活中最有价值的品格。坚持练习。

练习 8

仔细研究一部结构简单的机器。弄明白这部机器的用途。研究它的零件以及它们之间的相互关系。对它的机械原理进行充分的分析之后，闭上眼睛让它在脑海里浮现。一点一点地回想这部机器，直到脑海里呈现一幅完整的图像，然后把它拆成不同的零件，再在脑海里把它们重新组装起来。

换不同的机器继续练习，直到你一眼就能够看出一架机器的原理，在心里想出它的内部结构和它的零部件。

练习 9

在生活之中，选择一个简单的东西，这个东西可能非常实用。然后继续考虑，怎样把它合理地安排一下可以实现它的价值。不要因为对这个问题的沉思而影响到更重要的事情。

我们这里的目的不是培养发明家，而是培养想象力，是为了让读者明白自控力以及意愿作用的重要性。首先，一定要保持意愿的作用毫不松懈。继续练习直到你能够在脑海里毫不费力地把这个东西组装起来为止。

练习 10

回想一下自己在生活中犯过哪些严重的错误，认真地考虑自己当初之所以犯了错误，是受到哪些动机的诱惑。考虑这些动机的关系、动机的强烈程度和持续的时间长短。老老实实地判断自己在行动之前是否考虑得很周到。你会清清楚楚地记得自己当时没有认真地考虑每个动机。

承认自己受到一个动机的指使，而忽略了其他动机的存在。然后回忆你当时的选择产生了什么样的后果。现在回过头来，你认为自己在什么方面本来不应该那样做？如果你当时做了正确的选择，结果又会怎样？假设你现在处于当时的情况下，根据你现在的经验和知识，你会做出什么样的选择？为了避免将来犯类似的错误，你必须考虑到当时没有考虑到的种种原因，也就是，把所有的动机集中起来，一项一项地分析，反复权衡它们各自的利弊，并且尽量设想各种动机将来可能引发的结果。

同时一定要保证将来不再犯同样的错误，在重要问题上一定要三思而后行。

练习 11

回想一下自己在旅程之中见过什么样的美景。在脑海里构思这样一幅图画：连绵起伏的地上铺满了厚厚的落叶，不时还有一簇一簇的灌木丛；树上的叶子五颜六色、斑斑驳驳，高大的枝杈撑起郁郁葱葱的“华盖”，阳光从各个角度照耀下来，明亮而生动；不时有一阵风从闪闪发光的树叶中间穿过，叶子飒飒作响；而整个森林除了偶然一阵微风和空阔地方传来的几声鸟啼，四处一片静谧；松鼠敏捷地在树丛间跳来跳去；你站在那里，感到自己正站在灿烂明朗的地方，愉快而舒展的心情油然而生，你不得不诧异于世界的繁华和精致。

发挥自己的想象，想象一些类似的风景。这里的景色让你想起了什么？你要有意识地分析这些类似的风景之间的相似性或差异性，以及它们给你留下的印象和当时的感觉。不要漫无边际地想入非非。这是一件一丝不苟的工作。

想象几种与上述风景完全不同的风景。

按上述要求坚持练习，直到取得成果。

练习 12

上面的练习可以把风景换成经验，首先比较相似的经验，然后再比较不同的经验。在练习过程中始终要注意自控力对想象的控制。

练习 13

读一首有着丰富想象力的诗词。理解诗中的每个词，把它彻底掌握之后，在脑海里栩栩如生地想象它描述的场景，然后把诗中表达的连贯思想和情感清楚明了地写下来。然后注意诗中出现的每一处想象丰富奇特的地方。接着从想象的角度评价它的不足之处或者优美的地方。

观察一下这些想象要素之间相互依赖、相互影响的关系。然后分析它的想象之所以优美的秘密何在？它是怎样打动人心、使人难以忘怀的？研究一下这首诗为什么能够流传下来、对人们具有如此的影响力。

换不同的诗把这个练习一直坚持下去。直到你已经掌握了大量的优美诗句。

练习 14

运用同样的方法，阅读几本名著（当然不是小说），把其中的想象部分当作需要揭示的秘密来加以研究和分析。从你的藏书里挑选出最好的书进行这个练习。

练习 15

选择一本小说，然后用同样的方法进行分析。现在的研究对象是生活情景和人性的问题。阅读这本书，在心里栩栩如生地想出每一位人物的性格特征。对书里的人物要非常熟悉，研究他们行为举止背后的原因，调查他们的动机。

注意家庭出身和生活环境对他们的影响。观察他们的行为方式是否忠于生活的实际。如果是你，你会采取不同的行动吗？为什么？你可以清楚地看到，他们的理由是错误的，在选择的时候，他们没有充分地考虑涉及的所有因素，没有认真地权衡对他们来说最有益处的动机。继续往下读，看他们的行为导致了什么样的后果。从前面的行为和情况来看的话，这些结果是自然而然的吗？这个人物能不能加以改进？故事情节能不能写得更好一些？这些人物性格和命运的发展是否还能更加合情合理？他们的行为以及他们之间的关系能不能进一步改进？把这本书作为真实生活的一部分，用上面的方法进行分析，在彻底理解了书的内容后，你可以把从书里得到的启示应用于自己的实际生活中。

把这个练习一直坚持下去，直到你能拿捏最好的英语文学作品。

在练习过程中，一定不要忘记“培养想象力”这一目的，你的目的是为了揭示某种行为的原因，判断事情发展的结果是否合情合理。随着你用这种方式不断地提高自己的想象和分析能力，你的自控力和决心也在变得更加坚强。

练习 16

假设你要采取某种行动。这个行动是非常重要的。你希望自己不要犯错误，因为你的幸福和利益都取决于这次行动。但是你该怎么办呢？你有若干个选择。你的选择是否明智与你是否充分考虑到两个因素有关——动机和结果。预先料想的结果就是动机，但是这样的区分太简单化了。结果是动机引发下的一连串反应。如果你的记忆力不错，回想以前的经验会对你有极大的帮助。如果你想象力丰富，你就可以清楚地看到诱惑自己的动机是什么，你还可以设想，如果自己做出某项决定，会出现什么样的结果。这里就可以体现我们上面练习的意义和价值了。

但是，首先，你应该先使这个假想的事件（如果是个客观存在的真实问题就更好了）带有某种现实性和重要性，并且你还应该有强烈的意愿尽量把它解决好。

想象力是正确决断的关键因素

假设你对自己现在生活的城市或小镇很不满意，你想换一个地方工作和生活，但是这样做有很多问题。现在你要考虑这些问题。

首先，回想一下以前碰到过的类似问题。其次，把你能想到的说服自己不要搬迁的理由在笔记本中记下来。

比如，你的朋友和亲戚都在这里。你的事业在这里已经进行了20年。你与贸易伙伴和客户群的关系已经非常稳固可靠。这个城镇还在不断发展，而且投资的回报还不错，投资的项目都是很安全的。你的资产都在这个地方。税收很高，但还不至于难以忍受，而且税收高也说明经济在不断发展。你的家很气派，房子坐落的位置也很便利。你的家人在这里生活得很好，社会关系融洽，并且你们很喜欢这个地方。孩子们很适应这里的一切，在这里他们有宝贵的机会。学校是一流的。公众舆论导向很好。道德水平至少也算中等。教会活动很频繁，也不呆板落后。

不利的方面是，你的年龄是45岁。另外，气候条件很差。有一些处处和你作对的人。在这里，生意规模无法扩大，业务很难扩展。投资没有特别高的回报。税收在增加。人们对生活的要求和期待一般，这是很低的追求。不会开发新的铁路运输。生产的利益不大可能会很高。周围是乡村，主要从事农业活动，现在种植传统作物已经不再赚钱。地下没有矿产资源。这个地方距离观光旅游的景点——如山脉、海滩或者大城市——非常遥远。你意识到自己对它不满已经很长时间，并且常常感到心烦意乱。

你认为新环境会激发你取得更大的成就。你投入的时间和金钱应该得到更多的回报。你希望拥有更大的发展空间。如果重新开始，你的家人也许会从新生活中得到更多机会。你见过一些更好的社团。你所属的教派不在你现在居住的地方。

在权衡利弊之后，你还是很难做出决定。现在你要试着挑选一个将来希望搬过去生活的地方。你也许同时有几个地方想去。每个地方都要经过认真细致的分析。你既是自己的法官又是律师，你必须诚实地为你的选择辩护，又必须毫不迟疑地做出决断。在每次可能的步骤之前，你都要预先考虑所有的有利和不利因素，尤其是后者，不管你做出什么样的选择，不利因素都可能增加。

在每种情况的利弊都权衡比较之后，把情况整个考虑一下，比较两者给你留下的综合印象。现在看看你的决定：走？还是不走？然后继续考察这些因素，如果一种因素的好处刚刚可以抵消另一因素的弊端，把这个因素从名单上划掉，最后再从总体看一看判断情况：走，还是不走？如果两次判断的结果不一样，把它放到一边，留待以后再做决定。如果两次的结果是一样的，把这件事情闲置一段时间，如果到那个时候你还有疑虑，那就不要搬迁了。

以相同的方法来对你搬家的目的地进行分析。如果经过充分的考虑之后，你对某个地方不太满意，那么换个地方试一试。如果你已经决定搬走，但是对搬到“哪个”地方犹豫不决，那么先不要搬走。如果新家的地方也选好了，那么一旦机会来临，马上把握。不要有一丝后悔的情绪。

上面只是粗略地举个例子。这个例子表明的是聪明人在做重大决策时的一般做法。之所以提出这个例子是因为即使是聪明人，在考虑事关重大的决定时，对动机和结果的考虑也未必很周到。

想象力是保证事业成功的预言家

仅仅因为缺乏想象力，很多本来意愿坚强的人也很难发挥自己的自控力。很多良好的意愿就像手枪走火一样——在没有瞄准目标之前就射出去了。三思而后行就像金子一样宝贵，它可以防止事后后悔。但是事先的三思而后行在很大程度上取决于大脑的想象力。我们生活中最大的麻烦就是不知道“手枪是装了子弹的”。

只有意愿支配下的想象力才可以预先知道。想象力是保证事业成功的预言家。如果意愿是正确的，那么前景也应该是良好的。

尽管想象力是大脑的奇迹之一，但是在大、中学校，我们找不到一个地方专门开发和培养学生这一宝贵能力。从原始社会开始直到现在，从许多个世纪的变迁以及社会制度的演进中，想象力都是发展的前提和基础。

一位作家写道："建设性的想象力是物质文明发展的唯一阶梯。早期人类正是凭着建设性的想象力，再加上智慧的辅助，才开始征服整个世界。当冬天到来的时候，早期的人类想象把动物的皮毛穿在人身上御寒。烟囱、炉子、马车、火车是人类征服自然的里程碑，体现了人类想象力突飞猛进的发展。把意愿付诸行动，就可以把梦想变成现实。每次我们讲故事，希望别人能够了如指掌的时候，每次我们栩栩如生地描述一个地方或者一处风景的时候，每次我们把自己在书里读到的故事或者把路上的见闻讲给别人听，使其印象生动鲜活的时候，我们都是在培养想象力。试着为别人描述一片草地、一簇灌木、一棵苹果树、一段河流、日出的天空、夏夜的星空，这是锻炼想象力的绝佳途径。如果你的描述不显得沉闷乏味，那么景物的活泼有趣都是因为你想象力的丰富活跃。"

人类文明的进步和发展来源于个人的进步和发展。那些渺小的个人之所以成就了如此的伟业，是因为他们用正确的手段实现了自己健康的意愿。

个人进步和发展的所有法则都是针对自我的适应和调整。这条法则也许对你"管用"，你需要培养并正确地施展自己的才能，充分利用你与这个世界的关系。正是从这个角度来说想象力至关重要。

你是谁？找出这个问题的答案。你怎么调整自己以便更好地适应这个世界？找出这个问题的答案。学会观察，观察自我，也观察这个世界，观察它们怎样才能更好地服务于整个人类的文明和进步。在生活中要一直胸怀这样卓越的远见。

意愿不仅要坚强，还要用它来做正确的事情。颠扑不破的座右铭应该是：我一定要做到竭尽全力、精益求精。

因此，一定要集中精力，仔细研究！

第二十三章　不健康的想象力是最残酷的敌人

一旦想象力变得恣意放纵，

它便是我们最残酷的敌人。

对付那些混乱而虚妄的幻想，

必须让大脑通透明澈，

用强大的自控力打败这个劲敌。

人类的所有脆弱和不幸的背后，虽然有遗传和环境的因素，但总可以溯源到他的思想习惯。无数的实例证明，卓越的思想习惯可以使人成为自己的主人，克服遗传、环境、疾病以及其他弱点的影响，把他从失败的痛苦中拯救出来，使他最终享受到成功、荣誉和幸福。

——贺拉斯·弗莱彻

沉迷于幻想会破坏自控力

沉迷于幻想会破坏自控力，幻想不是真正的想象，因为它没有受到大脑的控制。因此幻想可以通过自控力的作用从大脑中排除，用真正的想象来取代它的位置。

有的人总是受到幻觉的困扰。这也是想象力失去控制的情况，感觉到的东西成了真正存在的东西，大脑中的印象代替了客观现实。

有些病人，如果他们没有从一开始就欺骗自己的话，就根本不会出现任何精神方面的问题，疾病由此而来。

本章要讨论的正是这些问题。我认为，自控力完全可以改变这些缺点。

克服不健康的想象力的4种练习

练习 1

无论何时何地，一旦大脑出现胡思乱想的迹象，漫无目的地从一件事情转到另一件事情时，就要马上加以控制和收敛。为了做到这一点，可以从众多的头绪中选择其中的一件事情，然后认真考虑这一问题，使它生动地呈现在脑海里，把它的各个组成部分组织起来形成一个整体。

练习的时候控制自己容易走神的精神状态，要树立坚定果断的思维方式。把这一种想法连贯成一系列有目标和行动的思想，而这些目标和行动都是理智且可行的。考虑各种各样的动机，然后分析不同的动机会导致什么样的结果，最终会出现什么情况。在可能的情况下，一定要在脑海中清晰鲜明地呈现具体的东西。然后集中全力专注于这一件事情。坚持下去直到走神的倾向被有意识、有目的的思考取代为止。

如果一些人的思想被各种各样的幻觉迷惑纠缠，他的想象力就会是混乱的。这些病人当初如果不欺骗自己，他们就不会招惹这些摧毁他们健康的恶魔，从而享受着美妙的健康生活。

大脑在坚定的意念支配下，能够消除身体上的不适。有位作家回想起一个例子，一名妇女长期卧床不起，就是因为她固执地认定自己有病。这是她患病的真正原因。情况千真万确。如果她受到虐待，被忽略，吃不饱，穿不暖，或者被别人从温暖舒适的被窝里拽起来，她的病马上就会好了。

练习2

对于很多空幻的想象力，最好的治疗办法就是大脑的彻底“氧化”，让大脑通透清澈，懂得人情常理，知道怎样保持健康，用自控力来减轻疾病或疼痛的严重程度。这样的疗法并不是一再否认自己生了病，如果这样的话又是一种精神不正常的表现，而且还会使疾病的治疗显得更加困难；相反，心里应该一直坚持想着，自己的病并没有表面上看起来那么严重，接着就把自己生病这回事忘掉，积极地开始考虑和关心其他事情。

练习3

我们可以通过意念来去除幻视或幻听。大脑应该断然地坚持自己是自己的主宰。一定要认真调查自己产生幻视或幻听的原因。这些也许只是身体状况不佳的表现，休息一下，换个环境，改变错误的饮食习惯，情况就会好得多。

出现幻视或幻听也许是精神问题的缘故，上述办法同样适用，并且通过兴趣的大转移，能够从日常习惯以外的因素中找到答案。

练习 4

我们还要控制幻觉的出现。坚持使自己的幻视或幻听换成不同的图像或声音。然后用意念迫使幻视或幻听的现象完全消失。

这些方法说起来很容易，但是要做到就不那么容易了，这是肯定的。但事实是我们的许多疾病都是因为自己的自控力不够坚定，通过上面提示的锻炼方法可以帮助你克服自己自控力的软弱多变。

上述方法只适用于那些轻微暂时的疾病现象。当疾病变得很严重，不只是自己主观幻想出来的症状时，就应该向医学专家求救。

保持内心的平和

很多内在的状态是肉眼无法看到的，但是它们可以造成巨大的危害。它们横行的地方是我们的心灵，这就是恐惧。这也是可以用坚决的意念加以排遣的。首先要做一个正直诚实的人。

诚实的人什么都不会害怕。但是诚实并不一定总是很明智，恐惧确实也会出现在诚实的人身上——害怕别人，害怕失败，害怕厄运，害怕不幸，害怕死亡，害怕地狱，害怕上帝等。恐惧感是无休无止的。所以，受到这些恐惧袭击的人不大可能一劳永逸地把它们赶走，再也不受它们的骚扰和煎熬；相反，成熟的人一生也会多次经历这样的恐惧，只有运用坚强执着的自控力才能最终把它们消除。

如果你害怕那些你认为比自己优越的人，那么从现在开始完全真诚地生活；然后尽可能地抓住机会接近他们；知道他们的弱点，同时也学习他们的美德；一定不要让自己对他们心存敬畏。尤其要记住，那些人有着和你一样的错误和盲目，他们害怕你，那些你觉得优越的人也许正受到同样的困扰，对他们认为比自己优越的人感到敬畏。而且很可能他们也害怕你。

格兰特认为，敌人害怕他就像他自己害怕敌人一样，所以他要先发制人。如果你对“先发制人”有透澈的理解，那么你就会奋勇地投身于自己害怕的氛围中，也就一定会彻底摆脱这个假想的敌人。对厄运的恐惧也是一样的道理。这只是迷信。治疗办法就是诚实——和上面的一样。

只要真诚地面对自己，具有坚忍不拔的毅力，你就很少会有失败的时候。生活中这样的失败是经验的积累，是为将来准备的教训。害怕不幸是懦弱的态度。降临在真诚的人身上的不幸总是能够被转化为祝福的。

对于死亡的恐惧是因为预感到厄运的来临。如果你的预料很可能发生，那么也不必害怕。

害怕地狱或者是出于神学信仰，也可能是一种健康的激励，它能够使一个人获得与人为善的信仰。如果有任何死后在地狱里遭受煎熬的危险，那是因为现在的生活中存在种种恶行。大脑完全有能力把所有这些不可理喻的恐惧排除。思维正常，意愿坚定，所有这些假想的幻觉都会被打败，培养起理智聪明而坚定勇敢的头脑。

注意！一定要保持内心的平和。

第四篇

自控力练习（三）：改掉坏习惯

第二十四章　现代人的5种常见坏习惯与改正方法

调整自己的思想和生活，

使它们更加健康，

把心中的目标付诸坚决的行动，

弱点和疾病就会仓皇而逃，

你将为升华的自我而骄傲！

一旦经历过一次失败，你会说："下次我一定能成功。"下一次你又失败了，你只是表现得灰心和沮丧，却从不总结经验教训，找出自身的过错，总是搬出这样那样的理由作为失败的借口，这恰恰证明了赫希俄德的话是多么的正确——"讳疾忌医只会导致恶习故态复萌"。

——爱比克泰德

所有的坏习惯都可以改变

坚强的毅力可以一下子对付很多习惯。如果这个人从内心深处认为自己需要戒除它们，不断地付出努力改变自己的不良习惯，就会锻炼一个人的自控力。但是这些努力意味着那些长期形成的习惯和那些对抗这些习惯的力量之间的大冲突。所以为了克服这些冲突，大脑的锻炼，尤其是记忆、想象和意愿的锻炼一定要确定正确的目标。

通常来说，那些无法有效根除自己坏习惯的人，主要是犯了以下几点错误：首先是缺乏自制力；其次是不能清晰有力地把握动机和后果；再次是对过去劣迹的健忘；最后是不情愿根治这些毛病。

为了克服坏习惯的影响，一个人必须全身心地投入这件事情，他必须认真地考虑坏习惯的原因和造成的后果，然后下定决心一定要摆脱它们的影响，使自己成为一个自由的人。

我们不断地提醒自己要下定决心，实际上意识深处并没有把它当回事。在非常懊悔、极度兴奋快乐、害怕出现某种结果、对自己非常生气或厌恶时，一个人往往会决心痛改前非，而且认为自己有能力改过自新。

在这个自我克制的过程中，承受戒绝这个习惯引起的痛苦，自觉地去克制自己，便可以在自控力的激励下不断地朝新的方向努力。此时，“习惯的力量”和坚持下来的考验已经不再那么严峻，而自控力得到了相应的提高。持之以恒一定会得到回报。

还有一条规律，那就是在克服坏习惯的过程中必须有意识地运用自控力，虽然在养成这个习惯的时候完全是无意识的。

整个过程可以用一句话来概括：所有的坏习惯都可以改变——如果一个人真的渴望改变的话。

马克·吐温的医生责备他吸烟和喝咖啡太没有节制，并且他每天晚上都要喝茶，吃难以消化的食物，喝苏格兰烈酒。

马克·吐温对此宣称："我不能少吃少喝，因为我缺乏自控力。我可以彻底戒掉它们，但是就是不能减少。"他的话值得我们认真考虑一下，因为这句话说出了实情，若要根治坏习惯只有彻底消除对这些东西的嗜好，嗜好养成在前，根除在后，它应该时刻被人严格监管，屡次戒绝又屡次重犯实际上于事无补，嗜好还是嗜好，既没有被触动也没有被征服，嗜好还会继续在行为中体现出来，而长期看来还会占上风。一旦嗜好露出苗头就应该马上从大脑中排除。

一个人应该对它随时保持警惕，否则它就会乘虚而入。坏习惯必须一次戒除，不要让它长久地潜伏在自己的身上。一连两个星期都在极力克制的嗜好到一定时候就会消失。

拒绝行动，任由自己的嗜好自由发展。我们会认为，这种人生态度是不明智的。也许，我们也可以换一种方式表达这个问题，如果随时在脑海中考虑着正确的主张，意识到屈从于恶习所造成的后果，这些习惯就能够戒掉。

詹姆斯明说："意愿坚强的人是那些无畏地直面自己弱点的人。"当该死的邪念出现时，他看着它的脸，承认它的存在，迅猛地抓住它，而不是调动激烈的感情和它决战。坚持挺过这个时候，要克服的困难会自动退缩，使他的注意力投向别处，这样问题就比较容易解决了。

在任何情况下，要想抓住一个稍纵即逝的念头，意愿付出的努力同样有效。如果你的头脑发热，意愿就会引导它平和冷静下来，如果你的头脑偏冷，意愿就会激活它内在的巨大潜能。第一种情况下努力的目的是抑制爆发，后一种情况下努力的目的是唤起被阻抑的意愿。

可是，自控力却在愿望的背后发挥作用。因此，要把放纵自己的想法排除出去，让获得自由的愿望变得更加强烈。后者是冷静思考的结果，而前者是决心和毅力的结果。无论如何，人们之所以成为自己习惯的奴隶，是因为自己心甘情愿做奴隶。

合乎道德的行为是抵制恶习的最有力的力量。

在继续讨论之前，最好先下决心，自己衷心而坚决地希望戒除自身的坏习惯。你为什么还不摆脱做奴隶的状态呢？现在让我们把前面的口号和信条再次提出来：我一定要做到！看吧！

如何改掉说脏话的坏习惯

说脏话是一个人教养极差的表现。总的看来，那些出身于平民阶层和普通家庭的人拥有最好的教养。只要你愿意，你可以比现在更棒。这是宝贵的美国式信仰。脏话简直就是垃圾；它玷污了美妙的语言，制造出很多麻烦；它是不体面也是不道德的。因此不要再讲脏话！

练习 1

对自己说脏话的习惯仔细进行分析，重新开始做一位绅士。从现在开始坚决地永远不再说脏话，随时记住这一点：说脏话的人是笨蛋。

当你不小心回到了以前的习惯，不要轻易放过自己的过失，要严格惩罚自己。一定要更加坚定地实现自己对自己的承诺。

练习 2

假设因为说脏话，你为自己的失礼向自己心仪的女人道歉。

练习 3

我们可以通过意念去除幻视或幻听。

练习 4

如果你无法控制自己说脏话，那么刚开始时你可以用一套黑话来代替脏话；这个习惯形成后，按照上面的指导再把这个习惯改掉。

你现在可以做到这一点，因为你已经表现了自己的自控力，再也没有比管住自己不再说脏话更让人高兴的事情了。

练习 5

把你经常说的脏话在纸上列举出来，随时带在身上。不时取出来看一看，弄明白这些话的意思，懂得说脏话是很愚蠢的行为。

每次看的时候都要下决心把它们从你的词汇里清除。10天就足以永远改掉这个坏习惯。

如何改掉撒谎的坏习惯

说话夸张容易养成说谎的习惯。生动的想象和活泼的天性很容易使人把话说得文采飞扬、风趣诙谐，似乎不存在欺骗的意图。

如果夸张成为习惯，一个骗子便产生了，他对自己幽默的天赋毫无意识，反而走上了另一条道路。故意撒谎也许是非常少见的现象，人们往往把自己根据印象得出的结论作为事实告诉别人。

尤其是当他们自己也牵扯其中的时候更容易出现这种情况。他们并不是存心说谎；他们并没有故意讲一些事实，他们自己也知道这些所谓的事实不是真的；他们只是没有断然地承认自己对实际情况并不了解。如果一个人说什么事情是真的，那么他一定要保证这件事情确实如此、丝毫不假。

我们把自己认为正确无误的判断作为事实。这里我们就有种撒谎的嫌疑——因为对确切的事实采取了粗心大意的态度。

很少有人注意说话时的准确性。“事情是这样的”“他说的”“我说的”——这些话统统是模棱两可的。他没有明确地这样说，但是就是那个意思；你也有没有明确地那样说，但是就是那个意思；事情并不完全是那样，但是也差不多。所有这些你知道得很清楚，但是你希望说得更生动有趣，在你意识到之前就已经在添油加醋。你没有意识到实际情况并不是那样的，你把自己的感受加了进去，继续“活泼精彩”地演说。用简单的话来说，你比骗子聪明不了多少。

练习 1

当一个人总是用尽可能少的话说明事情时，他不大可能撒谎，就一般规律而言他不会是骗人。因此你应该使自己养成言简意赅的习惯，不管这需要多大的耐心和多么持久的练习，一定要朝这个方向努力。

你每天轻声地对自己说一百遍：“我是个骗子！我是个骗子！”这样做，对改掉你的坏习惯会有帮助。承认了这一点，你讲的下一个故事也许没有以前那么生动有趣——一个实话实说的幽默家总是不苟言笑——但是你谈话的可信度就提高了。

练习 2

说话时尽量避免主观想象。把自己的大脑想象成法官，把舌头想象成证人。证人必须只说事实——他看到了什么或听到了什么，而不是他对这件事情有什么看法，例如，舌头说：“那个人从街上跑过来。他的牙疼犯了。”

“他确实是在跑吗？”“啊，不，他走得很快，几乎跑起来了。”那么，你为什么不确切地说清楚呢？因为你想把自己的话说得更生动一点。“你怎么知道他牙疼？”“哦，他的手捂在脸上，表情显得很痛苦。”实际上这个人不小心咬了自己的舌头，但是你仓促地下结论说牙疼使他心神不宁，所以他的表情很痛苦。你说的话不是你看到的情况，而是你的感觉和印象。

你把自己的推理作为事实讲出来。因此，以后再也不要把自己不肯定的事情当作事实讲给别人听。这个决心必须牢牢地铭刻在你心里。

练习3

抛开自己无聊的想象力。

你的想象使所有色彩都变得异乎寻常地合乎理想而明媚艳丽。羞涩地红了脸，你形容为“红得像火一样”。一个淡淡的善意的微笑是“粉色的笑容”。

思想的精深微妙“比蓝宝石还要深透”。开心的笑声“放射着喜悦灿烂的光芒”。现在你要学习实事求是地看待自己的所见所闻，并且用直白浅显的话把它说出来。你在讲故事的时候虚构进去很多自己的东西，然后听故事的人会把这个故事再讲给别人听，他们讲的时候会再加入一些自己的东西，加入一些你从来没有说过的东西。你把简单的事实涂得五颜六色。如果你还没有到不可救药的地步，你自己也会意识到这个问题。

在你讲述这个故事的过程中，你心里有一个微弱的声音在对你说：“不，不，不是这样的！不要夸大其词，只讲事实。”但是你滔滔不绝的长篇演说如已经点燃的爆竹一样一发不可收拾，所有的事情都被夸张了一倍。你继续添油加醋地大肆渲染，最后，内心深处的声音也忍不住和听话的人一起笑了起来，它很是震惊，不能不嘲笑你的厚颜无耻。过了一会儿它抬起头来，大声对你喊道：“你是个骗子，你是个骗子。”可是你无动于衷，它终于无可奈何地沉寂下去，再也不会抬头。

为了尽快把这个习惯改掉，你首先应该注意自己的感受，看待事物只观察它们的发生和发展。你必须每天锻炼，直到简单直白的观察成为自己的习惯，尽可能只讲事实。

比如，想一想昨天发生的事情，然后把它陈述一下，要冷静，不要急于表达，尽可能少用几句话，一点也不要夸张。同时，以平静而坚定的态度对自己发誓："从此以后，我将再也不为给人留下深刻的印象而故意使用夸张的语言，我一定只讲事实。"为了实现你的誓言，你必须从现在开始，在能够把话说清楚的时候，一个形容词都不要用；如果一定要用形容词，只用那些程度最浅最弱的词。虽然在你看来，这样一句话就像没有羽毛的赤裸裸光秃秃丑陋不堪的乌鸦，实际上这些形容词是最恰当的词。

到一定时候这只鸟会长齐羽毛，而那个"一句真话也没有的骗子"将会成为一个诚实可靠的人，他将会对自己非常满意，其语言也回归了纯洁。

如何改掉暴躁的坏习惯

怒气因暴躁而升级。当然，也有一些人脾气暴躁，但是并不发火。很可能他们的问题是因为身体方面的不适。一系列的情绪失控往往是做了错事的结果，身体健康的人应该对经常情绪失控的人抱以同情。

练习 1

如果经常情绪失控，最好的治疗方法应该是适当的休息和权威医学专家的特别护理。这里同样也有意愿的因素在起作用。如果要给脾气暴躁的人提些良好的建议来帮助他解决这个问题，那么这种人的问题都是因为自己"吹毛求疵"的性格所致。

对一般情况的人而言，他们的暴躁和容易发火完全没有道理。如果你真想这样做的话，你完全可以把这个恶魔从自己的生活中清除出去。

大部分情况下决心和毅力完全能做到这一点。当然如果再加上一些其他的辅助，成功就是万无一失的。

练习2

如果你尽力压制一种激烈的情绪，这些情绪就会消失。在暴跳如雷之前数到10，然后你就会觉得自己的失态真是太可笑了。

练习3

当然，不要违背健康的生活规律，一定要按照自己明智的判断进行生活。

练习4

养成心情愉快的习惯。如果你愿意你就可以做到。心里只想高兴的事情，其他悲观失望令你沮丧的事情一定要置之脑后。不要犯傻，一个劲地钻牛角尖，只想着自己犯过的错误或者令人不快的境况。不管这只是你的想象还是实际情况确实如此，都要努力忘却。

练习5

避免焦虑、担忧。一旦自己出现这种倾向，就当自己是个傻子，或者回忆一下你听过的最有趣的事情。你可以摆脱这种情绪，强迫自己忘记不愉快的事情。让自己的心情开朗起来，大声地笑，运用自己的意愿，对自己的心大声地喊："我不担心！"

詹姆斯教授说：“如果你一个上午坐在那里闷闷不乐地发愁、唉声叹气，回答任何问题都无精打采、有气无力，你的低落的情绪是不会好转的。如果你希望克服自己身上这些愁闷的情绪倾向，就必须付出努力，从一开始就冷静理智地克制自己，把低落情绪有意识地转向它的相反一面。如果你坚持不懈，那么一定会收到明显的效果，沮丧和忧愁将渐渐减少，而开朗和活泼会慢慢取代它们的位置。”

在科学方面，我们对微妙的感官智能现在还知之甚少——比如洞察、思维、判断和推理等——我们只知道它们的细胞位于颅骨前面的部分，人的自控力正是在这个部分发挥作用，把信息传到整个机体的各个部分。与自控力有关的细胞位于这里，其中一部分始终在活动，而另一部分的活动是间歇性的，它们是大脑中最重要的部位。它们是精神的避难所，焦虑——我们致命的敌人正是从这里开始侵入。

科学界认为焦虑是一种疾病，虽然它不会直接造成死亡，但是它的危害足以构成导致死亡的种种疾病，如企图用自杀来寻求解脱身体痛苦等严重的情形。

它也许是对大脑危害最大的疾病了。对付这种病需要培养自控力，有意识地把它从脑海里排除出去，一旦觉得自己对什么都无精打采，觉得生活暗淡无光、毫无意义的时候，马上就要迫使自己转向其他想法。放松是焦虑的敌人，而“不要抱怨”是其中最健康的原则。

练习 6

乐观地看待每一件事物，看到令人喜悦的地方，对任何事情在任何情况下都应该这样。你一定要把这一条作为自己心灵的真正目标而不懈地追求。

练习7

看到事物美好的一面。培养开朗明媚的个性特点，不要把事情想得太坏。

练习8

只去阅读那些令人愉悦而有益有趣的书。把使人心情沮丧的书丢开，把那些让人对这个世界的美好和光明视而不见的报刊远远地抛开。

练习9

用美好的心情审视生活。过去已经一去不复返，现在并没有你预想的一半那么糟糕。为了证实这一点，回想一些愉快高兴的经历或成功的事情，千万不要想起那些悲伤失望的或失败的往事。

生活在现在，心情要开朗明媚。想到将来则只想着可能出现的好处。将来可能会发生一些不愉快的事情，但是你预想的很多不幸实际上永远不会降临到你的身上。

练习10

只与那些性格开朗、积极的人交往，只谈论令人充满期望的美好前景。为什么要和那些整天愁眉不展、生活不如意的人交朋友呢？这和与人为善的原则并不冲突。如果你出于为他们着想的考虑与之交往，那么首先你自己应该不会受他们的感染。

练习 11

早上起床时，想一些振奋人心或令人高兴的事情，把它们深深地印在自己的脑子里，整个白天都要一刻不停地想着它。当自己心情颓丧、心灰意懒的时候想想它，当自己怒气难消几乎要发火的时候想想它。赋予它神奇的魔力，使它成为自己的魅力。

练习 12

把让自己不耐烦、生气发火、忧愁苦闷的事件记录下来。一定要确切，使它成为自己真实的生活记录。在一天结束的时候把它写下来，读一读自己写的内容，然后下决心第二天加以改进。

过一段时间就看看自己的记录，可以看到自己的提高。把日记里记下的这些事情，作为对自己的激励记在心里。坚持下去直到你完全成为自己的主人。

练习 13

无论在他人面前受到什么事件的触动和刺激，也不要使自己陷入忧愁和伤感，或者表现出不耐烦或生气发火。千万不要忘记自己的尊严。你一定要记住：人活着就一定要快乐。

你周围的人和事很多时候不能令你称心如意，这毫无疑问。但是你要看到这样的事实，那就是你生气发火的对象往往因为你的失态而更加得意，因为你表现出了自己的弱点而让他们高兴。你为什么要让别人沾沾自喜而使自己痛苦不堪呢？为什么要为了别人的事情而使自己陷入烦恼和忧愁呢？这简直是一种慢性自杀。

所以一定要快乐起来。你不耐烦的时候自己就很难高兴，这样做只会让那些对你不怀好意的人得逞。你的愁苦烦闷是别人的乐趣，虽然他们表面上说是你给他们造成痛苦的。你为什么要做这样的傻事呢？

练习 14

避免成为不幸的人。不要怜惜自己！怜惜自己的人是无可救药的人。不要鼓励自己有这方面的心理暗示。不要心血来潮突发奇想，沉溺于一些多愁善感的郁闷情绪。不要为自己制造根本不存在的错误或过失。

练习 15

维护自己的权利，控制自己的情绪，保持快乐的心境，经常用诚实、有力的意愿来省察自己的道德意识，千万不要沉浸在无病呻吟、愤世嫉俗、猥琐懦弱、阴暗沉重的思想里，然后自己对什么事情都无精打采或者懒散。

在你集中精力想象着痛苦的时候，暴躁易怒的心就会产生令你恐惧的病弱痛苦，包括所有的不适和煎熬。在消极失望的时候看到周围的种种好处，看看卓越出众的东西，忘记生活中的忧郁，意愿会为你酿造生活中最甜美幸福的甘霖。

如何改掉邪恶的想法

与纯洁、尊严、道德信念、健康的身心相反，邪恶的想法植根于头脑中一些负面的倾向。

在这里我们可以清清楚楚地看到两点：对坏事的渴望和无所事事的大脑。身体的康复和有益的思考可以控制自己不健康的欲念。

练习1

治疗这个毛病首先要从身体着手。出现问题的神经要恢复到原来的健康状态，可以通过参加各种各样的有益活动和培养兴趣来实现。你必须自觉、积极主动地进行正常的日常活动。

1．生活起居必须尽可能地有规律。

2．必须适应清淡饮食，避免任何形式的喝酒，如果茶和咖啡对身体有害处的话也应该尽量避免。

3．你应该每天洗澡，让清洁而逐渐变凉的水冲刷自己的身体，或者用粗布搓洗全身，直到自己浑身清清爽爽、神采焕发。

4．你的脑子应该只想那些直截了当、需要马上处理的事情。

5．你应该马上开始体育锻炼，虽然不一定强度很大，但是一定要持续下去，要有系统性。

6．对身体健康和头脑清醒没有益处的想法或活动要坚决避免。

7．你应该坚决避免从猥琐下流的趣味中寻找乐趣的倾向。

8．你的心目中应该始终存在一位理想的女性形象——纯洁善良、尊严体面，就像圣母一样。

练习2

经常背诵恢宏的史诗和文章，或者回想自己生活中出现过的动人心弦的事件，或者幽默有趣的故事，以保持自己快乐开朗的心情。

练习3

运用自己的思想，随时提出计划、想法、分析推理等活动，这些活动既实用，又高尚有趣。可以把实际生活中的问题作为每天考虑的事情，心里不断地提出问题，分析问题，找出各个因素之间的关系，一点点地突破，直到你找到似乎可行或令人满意的解决办法。

练习4

无论何时，脑子里出现不健康想法的时候，一定要坚决地把它置之脑后，用更好的念头取而代之。

练习5

想要对付这个敌人，你用的不是直截了当的策略，而是迂回曲折的手段。让自己始终想着那些高尚、正直、有价值、有意义的事情。

练习6

这个习惯与其他习惯没有多大差别。如果你说，“我办不到”，你就没有克服它的强烈愿望。每种根深蒂固的习惯都是因为无所谓或者自己心里存在这种欲望。把欲望杀死，或者是使自己的欲望转向相反的方向。

比如，“我想在这件或者那件事情上随心所欲。”把它换成：“我希望做到相反的事情；我希望自己得到益处，我希望自己从它的控制中摆脱出来获得自由。”没有什么事情是人做不到的，如果他果然希望做到的话。

练习7

你必须表现得积极主动。脑细胞单从说教上得不到任何益处，只有你始终不放松的意愿作用才能做到这一点。

如何改掉吸烟、喝酒的坏习惯

你要是自己没有勇气来改正这些缺点，那么，你就必须到医生那里寻求帮助；如果这个办法也没有什么效果的话，那么毫无疑问，你已经无可救药，你将永远是它们的奴隶。

练习1

如果你有足够的决心和毅力，你就应该能够做到这件事情，那么不要浪费时间，马上就开始对付这些坏习惯。你必须自始至终地勇敢地对抗自己吸烟、喝酒的欲望，让戒烟、戒酒的习惯自然而然地形成。

所以你必须把诱使你吸烟、喝酒的想法用其他事情来取代。坚决不去想它们，心里只想着那个能够替代它的东西。

案例1：无法挽救者。一个人找到一个“家传秘方”改正了自己的坏毛病，但是几个月之后，老毛病就又犯了。别人说他的问题已经不可救药，也许确实如此，但是经过治疗的所有人并不都像他那样，这个人其实并没有从内心深处真诚地希望有所改进。现在他还在喝酒是因为他希望放纵自己，或者因为他并不想改。

嗜好是他的借口，嗜好的下面藏着他放纵自己的欲望。如果有人用装了子弹的枪抵着他的头，如果他只要拿起酒杯喝上一口，马上就会像狗一样被人打死，他一定不会放纵自己喝酒的欲望，因为活下去的欲望比喝酒的欲望更加强烈。

案例2：重新做人的人。某个人以自己的名誉做保证发誓不再喝酒，并让他的妻子和家人把酒收起来。早上他从床上醒来，在长长的哈欠之后，他乞求自己的妻子把酒杯端过来。但是他的妻子坚决地拒绝了。

他实在难以忍受，保证说，如果她满足他这一次请求，他保证从此以后滴酒不沾。最后她答应了：他喝酒的时候就像婴儿吃奶一样贪婪。但是他实现了自己做出的承诺。这是自控力控制之下的适可而止的欲望。他的妻子在以后的好几个月里总是随时为他准备着滚烫的咖啡。很多人继续喝酒是因为他的妻子或母亲不知如何才能激发他的情感。女性的“温言软语”是屡试不爽的方法。

正在戒酒的人非常脆弱，神经极端敏感，精神上就像孩子一样；如果母亲或妻子只是对他的酗酒大发雷霆，然后帮他收拾残局，结果他还是一个无法站立的英雄。

案例3：哀兵必胜。一个年轻人发现自己面临两个选择：酗酒的结局是声名狼藉，一事无成；彻底戒酒，结果会带来极大的成功。

首先他在心理上做好了准备，一心希望摆脱这个坏习惯以获得自由，然后准备忍受戒酒的难耐和煎熬。他投入这场战斗，结果失败了。清醒过来之后。他又一次希望洗心革面，再次投入战斗。他忍受的痛苦简直难以描述。他的整个身体是和他作对的武装力量。他的所有神经集结起来对付他的决定，一连几个月，一刻都没有停止过。从精神疗法或宗教信仰中他也没有得到任何心理安慰。

他每个小时都要和自己的胃谈判，说话的时候牙关紧咬、双拳紧握，他对自己说：“你不能也不应该喝酒。”第二次他再也没有屈服于自己的欲望。当然，他成功了。正是自控力坚决地控制了欲望。

案例4：意愿薄弱的人。“醉鬼为自己找了多少借口啊，”詹姆斯教授写道，“每次受到诱惑的时候他都有说服自己的理由。”这种情况下，每次他都需要开动脑筋发明新的托词，比如：这是又一种新的白兰地，他需要尝试一口；酒已经倒满了，如果不喝就是浪费；别人都在喝，如果拒绝的话就显得不够随和；喝酒可以帮助睡眠，提提神可以让他顺利地做完这项工作；他其实并不是喝酒，他只是觉得太冷了拿酒暖暖身子；今天是圣诞节，喝一点也没有关系；稍微喝一点可以让他重新获得动力，能更加坚决地戒酒；就这一次，一次没有关系——除了不做醉鬼的理由之外，能想到的简直都说了。

这样的决心在意愿薄弱的人身上停留不了很长时候。但是如果他每次都能够像找到喝酒的理由那样找到不喝的理由，不管经过什么样的诱惑或动摇，都能挺过来，那么他很快就不再是个酒鬼。

练习 2

养成喝酒的习惯，有心理原因也有身体原因。不管何种原因，喝酒的欲望都应该由一种更加强烈的动力来取代。中世纪有一个故事说明了这种方法。人们害怕一只狼，弗兰西斯主教决心驯化它。他走出城墙，见到这只狼对它说："我希望在你和人们之间创造和平，狼兄弟，你以后不会再威胁他们，他们和他们的狗也不要再攻击你。"

于是当狼表示同意并把它的爪子放在主教手中时，他答应以后一辈子都有东西喂它。"因为我知道得很清楚，你干的所有坏事都是因为饥饿。"

练习 3

如果找到养成喝酒习惯的原因，是由于某种身体因素造成的，那么可以用食物和其他对身体没有伤害的饮料来维持身体的良好状态。一顿好饭是良好意愿的基础。如果喝酒是出于某种心理原因，就需要用另一种心理愿望来支撑他。

任何一种可以使人改变这个习惯并且维持健康生活方式的手段都可以，如果做不到这一点，戒酒的努力就不会成功。

休·梅勒曾经讲过一个故事。有一名正在战斗的水兵，已经精疲力竭了，几乎连手都抬不动，但是敌人又冲了上来，他突然感到一阵激动，就像受到电击一样，这位疲惫不堪的水手一下子跳了起来，他的劳累和疲倦完全消失了，他发现自己像以前一样英勇善战，还可以连续再战斗24个小时。能够征服习惯的意愿必须不断地受到激励和鼓舞。

练习4

某些医生在碰到这样的问题的时候，建议那些抽烟很凶的人不停地吃花生，一直吃到胃似乎对尼古丁生出本能的反感为止。如果你每次都可以在一个人想吸烟的时候使他对烟产生反感，最后他一定会放弃吸烟。有人说喝牛奶也有同样的效果。有些吸烟多年的瘾君子需要辅以适当的药物，因为身体可能会因为骤然停止吸烟而产生对抗作用。如果确实下了决心一定要戒烟的话，可以按照下面的指示来做。

练习5

请求一位了解你的医生给你开一些营养药。只吃清淡的食物，尤其是那些与烟和酒不相同的东西，心里要始终牢记：一定要戒除这些习惯获得自由。

心里一定要想着，自己的困难不是克服不了的，坚持下去，到时候对烟和酒的依赖一定会成为过去。确实是这样，因为整个身体将适应变化了的新状态。坚持足够长的时间，你一定会成为一个自由的人。

练习6

不要告诉别人自己付出了多大的努力。不要一个劲地想戒烟或戒酒的时候自己多么痛苦。让自己忙个不停，尽量在户外活动。每天尽量让自己有充足的睡眠。每天都要午休。

每天喝大量的纯净水。如果天热就尽量出汗。把烟和酒放在自己看不见的地方，不要想它们。如果脑子里想到烟或酒，马上把它赶走。你这样做的时候，让脑子想其他的事情。

练习7

不要精神不振，很多正在进行这场“战斗”的人常常无意识地受到这种状态的侵袭。对这种情况的出现要有所预期，一旦出现这样的情况，让自己马上开始做一些不需要集中精力也能干的事情。

练习8

不要可怜自己。不要为自己承受的痛苦或脆弱难过不已。不要追求殉道者的神圣。不要把自己列入英雄的改革家行列。不要自以为了不得。不要想象自己正在做一件伟大的事情。

不要受到这些倾向的诱惑。你可以把烟和酒彻底忘掉，如果你一心要做到的话。

练习9

不要听天由命，希望借助外力改掉这些习惯。所有这样的治疗都是心理上的治疗手段。

某人说："主把他想吸烟的欲望带走了。"在进一步逼问下，他承认刚开始戒烟的时候，他的嘴和喉咙确实觉得又干又涩，非常难以忍受，这是刚戒烟的正常反应。在强烈的宗教热情中他忘记了自己的不适。

当然，这就是"神的眷顾"，但是其中并没有任何超自然的因素。

有人的坏习惯可以在"神坛前面得到根除"。另外一些人永远不相信自我批判的必要性，他们必定失败，这些习惯的根除取决于坚强的毅力。

改变不良习惯，增强决心和毅力，长时间内使大脑沉浸在思考或激动的状态，调整好自己的身心，都可以实现理想的结果，让酒鬼和烟鬼恢复健康清爽的生活状态。

马克·莱维提出的关于戒烟的"处方"

1. 一旦决定戒烟，心里要总是想着戒烟以后的种种好处，要想着这些好处很快就会实现。不要放弃实现这个目标的计划。
2. 不要彻底停止吸烟，只需逐日减少吸烟量。如果你觉得自己进展良好，在预定的时间之前就可以把烟戒掉。
3. 喝饮料或吃一些松软的食品，让它们在口中保持较长时间再吞下去。嘴里大口的食物或干果不要一下子吞下去
4. 不要饮用或食用自己不喜欢的东西。
5. 每两顿饭之间喝8杯饮料，这些饮料要不含酒精和二氧化碳。
6. 每天早晚做深呼吸。

在本章结束之际，我们可以从《培养毅力》一书中引用若干句话，它们

都是关于怎样克服不良习惯和坏毛病的。

（1）信心，是对自我的热切期待，它是世界上最伟大的力量。这是自我暗示最关键的要素。

（2）你要对自己的整个思想和生活重新进行调整，使之朝着更加明朗健康的方向发展，如果把心里设定的目标坚持下去，毫无疑问，这些毛病会从你身上永远消失，你将骄傲地成为一个令自己非常满意的人。

（3）切记，只有信心、没有行动只是纸上谈兵罢了。真正的信心是为了实现既定的目标，信心十足地付出努力。持久的行动可以衡量一个人决心和勇气的大小。因此，你一定要坚持到底——如果必要可以坚持一千年，因为如果你有坚强的毅力，你将获得永生。

（4）但是我们要记住，下决心只是真正决心的一半。有的人不断地打定主意，但是往往永远没有具体的行动。有的人一下子全力投入进去，不知道自己应该怎样从容抽身。对付问题和缺点的唯一武器就是决心和毅力，也就是坚决地把预先决定的事情完成。灵魂说："我一定要克服。"结果它很可能失败。因为它的目标太高了。实际有效的意愿总是建立在短期目标的基础上。所以你应该说："我正在克服！我的目标正在实现，我对眼前的事情有把握。"这虽然看起来有些过于乐观，但是如果你真正有这样的意愿是完全可以做到的。

（5）如果一个人发誓自己一定要做到某件事，那么在他的意识中，这件事情实际上已经完成了许多，在浑然不觉中，具体的行动已经表现了出来。

第二十五章　现代人的8种常见行为缺陷与改正方法

罗列出自己的种种坏习惯

把这个列表随时带在身边，

不时拿出来看一看。

为每个毛病设定一个改正的期限，

然后彻底改正它们！

有个人活了四五十岁，别人偶然谈起他的某个习惯性的特点，他居然吃惊不已。但是迄今为止，他仍然保持着这个习惯。四五十年来，对这种一清二楚的习惯，他一直都在自欺欺人、视而不见。

——亨利·沃德·比奇

如何克服说粗话的坏习惯

一个人无意识的习惯中，名列第一的可能就是讲粗俗话。实际上有些人完全是它的奴隶，他们认为这是“自己的语言风格”。

一位大学教授认为，自己通常的讲话方式过于文雅，实际上掩盖了其开明思想自然散发出的光芒。如果在他枯燥无味的讲话中适时加入几句“俗语”，就将在其原本有趣的谈话中平添几分活泼俏皮。这位教授的观点代表了很多人的想法。

诚然，在每日工作的世界里，一个人稍微使用些粗俗的语言还可以令旁人欣然接受；但是如果他习惯性地使用粗俗的语言则表明需要自我控制。“使用粗俗的话，”奥利佛·温德尔·霍姆斯教授说道，“或者低俗的语言，是精神衰退的症状和原因。这使懒惰的成年人同其他人交谈时，可以摆脱准确了解每个概念内涵的困扰。但是，如果交谈双方都是懒散之人，他们之间所有的交谈，都将倒退至词汇能力低下的儿童时代初期。”

根据下文“如何克服多嘴多舌的毛病”部分的建议，就可以改掉上述习惯。记住，粗俗的话最初由“小偷、小贩、乞丐和流浪汉阶层普遍使用的伪善之言”构成。而我们的目标是做到讲话彬彬有礼。

“如果你耳濡目染粗俗的语言，”理查德·格兰特·怀特说，“那么，你讲出和书写的字句也必然是粗俗的。”

如何克服说话结巴的毛病

说话结巴的毛病特别令人厌烦，因为它让人无法把话一气呵成地讲出来。

有的人永远都不能用一句话把一件事情或一种看法表达得非常明白。我们在此并不讨论真正的口吃。莫名其妙口吃的人，不过是他们自身存在问题。也许困难是因为他们缺乏清晰地表达自己思想的动力；一些人激动或者愤怒时可以流畅表达，但是心平气和时却结结巴巴。也许问题还是他们没有能力控制周围的环境因素：在不被打断的时候他们讲话很流利，但是一旦心情激动，说出来的话就好像漏水的管子一样断断续续，一点也不连贯。

坚持做下面的练习应该可以根除这个毛病，不管它是由于什么原因造成的，除非是身体缺陷方面的原因，其他问题都可以解决。

练习1

回忆在过去24小时之内你经历过或者观察到的事情。以平常的语气，故意快速讲述，就像对某个人讲述整个过程一样。尽可能快地讲述，即使找不到适当的措辞时，也不要让自己停顿，你可以尝试用差不多正确的词语，甚至并无相关意思的词汇，一定要迅速把事情讲完。

练习2

当你开始说一句话时，要一鼓作气把它说完。然后，以同样的方式开始说第二句话，就这样让自己一直说下去，把要说的话说完。

练习3

现在重复这个过程，并且试着为每句话找到更为恰当的语言；但是，片刻也不要停顿；不论是否文雅得体，都要让自己把想说的话说出来。根据上述指导，每天坚持练习，直至克服你说话结巴的毛病。

练习4

但是同时，你说话犯了另外一个毛病，那就是：你没有有意识地把自己脑子里想到的东西说出来，你说出来的字眼不是你心里想到的字眼。现在你必须学会说出自己心里想到的东西。现在回忆一下你对某件事情的观点。然后把你的观点清清楚楚地对自己说一遍，说话时用平常的口吻和语气。本练习还可通过默念进行，但是不要养成嘟嘟囔囔的坏毛病。

你必须快速讲出你的主张，毫不拖沓地阐明自己的观点，而不用管自己的用词。你需要学习两点：以适当的词汇思考思想，并且以最快的速度进行思考。

练习5

在这个练习中，你要学会用笔快速记下自己的主张或思想，这将对你很有帮助。

练习至此仍然需要强烈的集中力，绝不片刻停顿，但在有所犹豫时，仍然写下你能够想到的最佳词汇，或者对概念的解释说明或头脑中闪现的任何字眼。完成之后，一句一句地阅读整篇记录，并且加以评论和修改。之后，以所有可能的速度、以更好的方式，重新进行书写。

练习6

记下如下规则，并且时时不要忘记：

1. 根据需要，我可以快速讲话，或者慢速讲话。

2. 我绝不为了一个词语而停下讲话。

3. 我绝不为了纠正一个词语或短语而停顿。

4. 我绝不讲半句话。

5. 我绝不重复一个句子。

6. 我要使用可能的最佳辞藻来说话。

7. 我在日常生活和特殊场合的讲话风格始终如一。

8. 我要采用良好的讲话风格，并且一直保持。

9. 我绝不笼统地说话，也绝不像一本正经之人或者学究一样交谈。

10. 我说话要清楚明确，但不简单直白，要优雅得体，但不矫揉造作。

如何克服思想不集中的毛病

思想不集中即想法轻率鲁莽。思想喜欢高速直行，而奇想则倾向四处攀缘。如果思想是经过练习的猎犬，那么胡思乱想就如同闻到任何气味都会前往的猎犬。跟随猎犬四处乱跑，牛顿这样才智非凡的伟人都将疲惫不堪。

思想不集中导致浪费脑力，永远不会产生有用的想法。不加控制的头脑是愚者的天堂。不能集中精力的才智，终将一无所获。

通过意愿控制可以治愈思想不集中。遵循如下提议的练习，可以消除这一下意识的缺点，同时增强自身的自控力。

练习1

以慢速进行阅读，直至你锻炼出快速理解的能力。选择一句优美的句子，谨慎缓慢地阅读，理解每一个词汇的意思。

在此过程中，可能有十个念头在脑海中浮现。但是，你要坚决保持头脑清晰。按照之前的方法，重读这个句子，强迫自己关注其中体现的思想，而忽视其他。继续阅读本句，直至你能够完全关注它，并且对它的意思了如指掌。

当你阅读这个句子时，头脑里除了它表达的思想之外什么都没有，然后将视线从书上移开，尽己所能对本句所包含的思想而非句子本身进行重复，如果现在你的意识已经“走神”了。返回去重新阅读这个句子，并且排除一切干扰，然后默念其中包含的思想，以控制自己完全专注于这件事。

练习2

继续上面的练习，直到你可以把自己的思想集中到句子体现出的思想上，根本不会受到其他想法的干扰。然后以同样的方式继续进一步阅读。

开始，你不会取得显著进步。毕竟，你养成的习惯由来已久，因此，需要更多耐心和更强毅力来改掉习惯。你一定可以改掉习惯！

切记！你阅读的目的究竟是什么？是真正阅读、诚实思考。

每天全身心投入地阅读一页书，优于漫不经心的阅读一小时。这个目标值得无限期地孜孜以求。

练习3

开始阅读时，要先问自己：“我为什么要读这本书？”找出原因，然后坚决实现自己阅读的目标。

阅读句子时自问：“这个句子表明什么？”直到自己知道答案，并且用自己的语言表述出来。阅读完整个段落时，自问：“这一段到底说明了什么？”反复阅读同一段落，直至自己可以叙述这段包含的思想。

继续上述练习，直到完全掌握这种充满思考的阅读方式。你将发现思想不集中的毛病慢慢地消失了。

练习4

从事生意或者其他事项期间，经常暂停并且记录自己的所思所想。你将收获很多惊喜。

如果发现自己在某个问题上想入非非，就问自己：“这样空想对我有什么好处呢？我是否正在思考自己实际从事或者开始着手的事项呢？或者我仅是一只在崭新领域中漫无目的跑来跑去的猎犬吗？”

始终进行有价值的思考。有价值的思考，并非一定与死亡和审判这种沉重的话题有关；愉快的想法也并非不可取。强迫自己去思考，不仅进行有价值的思考，还要进行关联式思考。

坚定自己的意识活动，尽可能地杜绝每次天马行空的空想，以及与手头任务无关的胡思乱想。

培养值得信赖、目的明确的思考习惯。作为对抗思想不集中的护身符，记忆并且遵守如下诗歌。

心不在焉的思考，如同没有轨道可循的流星，只能发出转瞬即逝的光芒。

拥有无限威力、巨大理性可能的思维之神，

终将穿越天地万物的阻拦。

如何克服多嘴多舌的毛病

大部分人滔滔不绝，但是言之无物；对他们而言，更糟糕的是，讲出一番话之后旋即后悔，恨不得根本不讲。因为他们废话连篇，而沦为世人同情的对象，他们的这种习惯必须加以改善。

还有另外一些人，如同牡蛎一般沉默寡言（当然，并非总是这样），一开尊口，便是赢得一片赞誉的金玉良言。在社会生活中，他们如同砍伐倒地的木头一样，绝不会信口雌黄、煽风点火。在商业活动中，这些人像谜一样使人们感到神秘莫测。一般而言，他们没有很多朋友，但是一旦成为朋友，那便是生死至交。

如果严格进行如下练习，一定可以矫正多嘴多舌的毛病。

练习 1

比如三个月内，每天醒来，都在脑海里回想一遍对自己社会生活和职业生涯至关重要的所有事情。你将会发现有些事情只应该自己知道，而且坚决不能泄露给其他人。切记！切记！务必切记！当你同其他人交谈时，回忆当初所做的决定。切记！是的，切记！

每天晚上总结自己的成功和失败之处。对于不足之处进行反省，并且坚决予以改进。在能够立即抑制自己就任何主题夸夸而谈的冲动之前，绝不妥协。三个月后，你将做到谨言慎行。

练习2

你讲话总是拖沓冗长，但是这个缺点是可以纠正的。为了不断改进，你必须培养讲话言简意赅的习惯。并且在接下来的一年中每天练习。这样做虽然辛苦，但是结果一定会令你受益匪浅。

练习3

在思考主题为有关某人或某事的相对较长的句子时。你必须字斟句酌地思考它的用词，使这个句子明白易懂。现在，把它完整地写下来。把它读一遍，注意听着自己的声音。听起来怎么样？这是不是你能写出来的最好句子？如果不是，试着修改一下。

现在将其浓缩为一个短语，如同清晰、明确、完整的句子一样。把它写在另一张纸上。再读一遍，注意听起来的效果。然后将它缩减三分之一甚至一半。坚持把这个步骤完成。在第三张纸上写出结果。现在比较这三个句子。估算三次缩减的比例。你将惊奇地发现，日常交谈中，你浪费的气力和话语如此之多。

练习4

下定决心，在你所有的讲话中贯彻凝练简洁的思想。几个月之后，你将会发现两件事情：首先，你的词汇量扩大了，因为之前的努力，需要查阅字典或者搜肠刮肚。其次，你说话的方式，将变得令人惊讶地简洁流畅、妙语连珠。

练习5

继续挑选一些文笔简洁质朴的作家作品。认真阅读这些作品，每天读一点。按照记忆的规律，把其中最好的句子和段落记下来。还可以进行大部头作品的缩写，和前述的建议一起进行。无须经过特别努力，这个练习就能改善你的讲话风格和特点。

练习6

没人同意，卡莱尔嘈杂无序的用词风格堪称传统的语言典范。但其振聋发聩的思想，使他成为语言奇才。阅读下面内容，并牢记脑海之中，让自己深深地沉浸在他所描述的境界中：

"伟大而沉默的人们！环视我们这个喧嚣空虚的世界，充斥着苍白无力的话语，毫无价值的行动，而有人喜欢在无声的王国里沉思冥想。高尚而沉默的人，散布在各个领域，沉默地思考着，沉默地工作着，但是从来没有任何早报提及他们！没有他们，我们的国家将难以为继。如同没有根的一片森林，徒有枝干和树叶，但是很快将凋落为枯枝败叶，森林将不复存在。如果我们除了向人显摆或夸耀之外一无所有，那真是太可悲了。沉默，伟大的无声王国，它比浩瀚的星空还要高远，比死亡的深渊还要深邃！它本身无比伟大，相比而言，所有其他东西都渺小琐屑。"

如何克服粗心大意的毛病

粗心的习惯，使人误了火车，忘记了妻子的话，将重要的信件还没签名就寄了出去，迟到一小时之后急急忙忙地赶去赴约，去教堂忘记带祈祷书，盛装参加晚宴而没有系领带，梳子插在头上忘记取下来，房子着火的时候大声哭喊："孩子在哪儿？"

这个习惯可以而且有必要予以纠正。纠正这个习惯的主要秘密，当然在于坚决的意愿。如果痛下决心，不达目的誓不罢休，人类忏悔的每种恶习都能够摒弃。

练习1

每天一起床，你就应该在心里下定决心，记住自己一天当中应该做的所有事情，直到不需要专门记忆为止。比较明智的做法是每天早上和中午这样做。在限定的时间之前，你应该回想忘记了哪些事情，再花一些时间想一想，为什么自己没有做到这一点。

练习2

你应该自问要求注意的任何特别事项："为什么我希望记住这件事情？如果忘记了，会伤害到谁呢？如果我没有忘记，会对谁有好处呢？"

练习3

你应该彻底下定决心，应该在规定时间内完成需要处理的事情而绝不拖延，并且最好立即行动起来。

当脑海中盘旋着希望处理的事情时，立即去做。如果当时办不到，再次考虑一下，说明为什么必须要做这件事，何时自己能够集中精力处理它。然后，无论以何种代价，都要立即着手并且完成这件事。

练习 4

从现在开始，你应该培养自己集中精力做好手头事情的习惯。

做任何事情都不要三心二意。不断地对自己说："我知道自己在干什么和为什么要这样干。这一件事情是我要做的。"

一件事情完成之后，在自己思考其他事情之前，认真地回顾一遍这件事。全部都完成了吗？自己完全满意了吗？如果答案是否定的，按照上面提出的指导方法，返回去重新来过。

这可以培养你集中精力做好眼下事情的习惯。

练习 5

做事一定不要身在曹营心在汉，尝试去做一件事时，脑海中却在思考另外一件事——某种特定习惯性任务除外。

练习 6

不要害怕麻烦和不便，彻底改掉自己粗心大意的毛病。

练习 7

千万不要让自己情绪激动、头脑发热。在三个月时间内，每天走不同的路线上下班，并且绝不放弃这个计划。

练习 8

制订计划，每天在某个时间准时回忆某件需要稍后处理的事情，直到养成习惯。持续若干天遵守同样的计划，然后改变时间，继续坚持下去，直到你可以完全掌控这个习惯为止。这个练习，将使你养成服从自己指令的习惯。

练习 9

每天，经常相隔一段时间就停下手中正在干的工作，回想一下自己已经完成了哪些应该处理的事情，直到养成习惯为止。然后回想一下自己需要立即处理的事情。不要仓促轻率。全身心地进行回忆，并且立即修正自己的疏忽。

练习 10

脑子里能够记住的事情，千万不要只依赖记事本。对日期和重要商务交易等事情，千万不要依赖任何记录。不要相信备忘录（最简单事项除外），要依靠自己的自控力，并强迫自己顺从这种力量。

如何克服优柔寡断的毛病

当某些人决定将要做什么时，他们对自己的自控力很自信。但是他们发现，实现当初的决定非常困难。他们不断地权衡利弊，直至筋疲力尽，还未解决手头事项。事实是，他们的头脑一片混乱，根本没有进行清晰的思考。

如果你有这个毛病——优柔寡断，你一定要集中全部力量摒弃掉它。其中的困难或多或少地与你自身素质有关，但是，无论如何都是能够克服的。

练习1

总是保持坚强决心。

练习2

培养自我意识和自我控制的意识。

练习3

要始终记得自己在哪里，在做什么。

练习4

在任何情况之下，都不要让自己情绪激动或头脑混乱。一旦发现出现了这两种情况中的任何一种，放下手中的事情，直到自己恢复镇静再做决定。

如果事情不能拖延，那么唤起自己巨大的自控力，记住："我一定要冷静！"然后做出尽可能明智的决定。下一次出现紧急情况时，将得益于本次经验。

但是，不要将精力浪费在毫无用处的检查错误之中。保持头脑冷静，准备面对将来更重要的事情。

练习5

学会一次只想一件事情。不管正在干什么事情，都要全心全意地去做。

练习6

要把优柔寡断造成的问题和痛苦，转化成当机立断的决心。

练习7

优柔寡断时，单独思考一下做事动机。每次只考虑其中的一个动机，并且分析清楚。不要让其他想法分散注意力。审视动机时，迫使自己对每一个动机都形成鲜明认识，然后对整体有明确理解。随之重新衡量所有原因、利弊，尽量快速进行。

然后，下定决心！立即行动！可能要冒些风险，但是任何人都会冒风险。千万不要后悔自己做出的决定。

练习8

至少在三个月时间内，每天早晨迅速决定自己如何着装。严格坚持自己的计划。不要放弃，不要犹豫。尽量很快地穿好自己的衣服。根据你的搭配，尽量每天改变着装次序。

练习9

决定何时前往办公室或者任何目的地，然后在到达之前，始终要记得自己的目标。

启程时不要规划路线。上路之后，心里始终想着我正在前进。第一次需要改变行程路线时，暂停片刻，给出理由，然后换乘车辆或者继续前进。

坚持这个练习，直至可以面对突发事件迅速做出决定。

练习10

应该培养做事当机立断、雷厉风行的习惯。着手每件事情，都要保持敏锐的头脑和强烈的感情。

练习 11

首先应该学会处事机敏。每次赴约都要守时，精确至每分钟。按时履行每项职责。做任何事情都不要拖拖拉拉，而应该坚决果断。

练习 12

通常生活中需要固定日期和时间的安排以外，不妨在日程安排和做事方法上变通一下，然后一丝不苟地予以执行。切记，永远有必要保持机敏、充满活力、行动迅速并且意愿坚强。

如何克服没有主见的毛病

缺乏主见的基本问题在于缺乏思想。思考孕育各种丰富多彩的观点和想法。

只有在自控力作用下，并且通过三种方式——迫使自己努力，这需要自控力；读书，这需要深刻地理解；观察，这需要专心致志，才能逐渐形成思想。

练习 1

如果你对正在发生在自己身上的事情，没有进行热切而清晰的观察，那么你应该决定立即进行观察。明辨真伪地进行观察，是一门伟大的艺术。聪明人能够洞察别人看见而没有放在心上的东西。

你应该下决心洞悉事情的真相。这意味着你需要发掘事情表面之下的真实情况。你可以从普通东西入手，如土地、草坪、家具。一段时间过后，你开始感兴趣，然后你将发现自己开始思考了。

你也会拥有自己的观点，因为你将了解很多事情。

练习 2

你需要发现自己在哪些方面无知，这相对很容易。然后你就可以开始着手发现某些特定问题的真相。

进行调查，提出问题，阅读报纸、杂志和书籍。将计划坚持到最后，对问题刨根问底。不允许自己转移目标。在一个问题上，成为活的百科全书。只有当你对此问题筋疲力尽时，你才会获得真知。

然后，你将兴致勃勃地开始研究下一个问题，深入挖掘直至获得它的最后一丁点儿价值。结果就是，你拥有更多主张和看法。

在进行练习的时候，你将发现获得真知灼见的不易和艰难，并且培养形成属于自己的真知灼见的习惯。人们接受别人的观点，是因为他们意识到了自己的无知。一旦自己获得足够的知识和信息，他们就开始不接受别人居高临下的权威态度。

缺乏意见等于缺乏知识。后者是前者的唯一解药。但是如果一个人没脑子，就无药可救了。没脑子，所谓的意见只是愚者的呓语。对于那些没有脑子的人，造物主也束手无策、爱莫能助。这是令人绝望的结局。

如何克服自以为是的毛病

自以为是，是盲目的灵魂运用了顽固不化的自控力。自以为是的人的眼里只有他自己。他的意愿既强烈积极又顽固迟钝。在这种情况之下的意愿，或多或少出现了一些问题，因为自我没有形成适当的人生观。

主观上，自以为是的人认为自己懂得一切人和事，但是实际上他的看法，是模糊不清且偏颇片面的。只要他能够懂得稍微多一点，就会形成不同的观点。他只看到盾牌的银边，他还应该看到另一面，但是他做不到这一点。事物的某些方面呈现在他眼前，他不能深入发现事物的其他方面。

人们表达出来的观点，不是他们真正的想法，因为他们行为的真正动机是深藏不露的。

自以为是的人做出的判断一般都是错误的。就像女人很大程度上依赖她们的直觉，结果暴露出自己欠缺考虑的缺陷。这个缺陷简直不可救药，因为直觉经不起理性检验。当直觉正确时，她们只是在锦上添花；当直觉错误时，她们陷入绝望。

真正的问题在于，自以为是的人只从自身出发看问题，过分夸大了自己的个性。主观的判断，将世界的联系和观点拒之门外，因此变得狭隘而固执。

谁不曾在真理面前屈服，
真理就将远远地超越他的思想。
但他错把自己当作上帝，同样仁慈，
睁大双眼，却视而不见，
睁着双眼——盲目而固执：
他的灵魂是整个世界，不断产生伟大的“观点”，
但是遭到世人耻笑，连造物主也无可奈何。

这样自以为是的缺点，只有在真正意识到别人的个性特征时才能得以根除。有些人从来没有真正承认别人的存在。在他们看来，他人只不过是一些幻影，代表了生活中各种各样虚幻不实的现象；他们从来都不是有血有肉的人——拥有自己的感情和智慧，在现实的世界中兢兢业业。幻影怎么会有观点呢？只有他们自己是真实的，因此，只有他们自己才有权表达意见、陈述观点。事实上，他们并未理解其他人的思想。

所以，为了根治这种自以为是的“疯子”，必须挖掘问题的根源。一定要让这些人意识到，其他人同他相比毫不逊色。要根除这种自以为是的痼疾，必须将人道主义精神真实而具体地贯穿在其思想中。

为了做到这一点，在生活中，可以遵从如下建议：你的幸福在很大程度

上取决于你对自己的同类的认同。

练习1

选一个朋友或熟人，想一想这个人的个性癖好，不要和自己进行比较。了解他的行为方式、他的情感和心境，还有他的思想和动机。不管他的这些生活元素恰当与否，是对还是错，你不要为他做出评判，而只是彻底了解他的本质和特点。

你会发现，他支持自己观点的理由是充分的。不要指责他的这些想法，因为这不是我们这里要做的事，而是要你生动鲜明地意识到这是他真实的生活。最重要的是，你逐渐把他看作和自己一样在现实生活中真实存在的人。

练习2

继续这个练习，换成生活中你碰到的其他人，直到你已经养成习惯，觉得自己交往的是现实中的男男女女。

练习3

当你不再把他们当作幻影时，就会发生一件奇怪的事情：你会觉得自己以前的看法或多或少有点糊涂混杂，既不充分又毫无根据。

练习4

始终记得自己将要和什么人打交道。如果你对生命的看法合法正当，就不应该觉得任何人都低你一等。有些人也许确实比不上你，但是这件事情根本不值得考虑。也许你已经习惯了下属毕恭毕敬的服从。为了你自己的尊严，你应该优雅有礼貌地对待上司和下属。对雇员不礼貌的人，抛弃了道德价值。

然而，礼貌只是这条黄金法则的表面。你应该真诚地尊重所有和自己有所接触的人。当这条法则贯彻于一个人的生活之中时，“女佣”“门卫”、下属都会感到自己被“当作人尊重”的崇高和光荣。

而当以自我为中心的待人处事态度，成为习惯之后，不仅对待雇员，对待其他人也同样如此。于是你习惯对那些不从你手中领取薪水过活的人也大放厥词。而如果你把你“扶贫对象”也看作真正的人——一样自尊敏感，一样拥有人权，你就不会傲慢地认为自己的意见是唯一王法，把自己看得过于重要了。

不管你给自己的“手下”什么好处，其他人可是什么也不欠你。这个微不足道的事实，一定不要忘记。

练习5

一定要力求准确理解同你观点相反的看法。在把这些看法完全弄明白之前，你不能随随便便地把它们归于错误。

自以为是的人很少懂得自己反驳的究竟是什么。充分了解他人想法，会将你同他拉得很近，而同他的观点比较之后，你的观点有可能并非如此无懈可击或者是不容置疑的正确。

练习6

研究相反观点，需要理智地分析。如果你完全理解了对方的观点，很可能你会改变自己的某些观点。如果你了解存在可能导致得出不同结论的其他理由，或许你固执己见和自以为是的态度，将会有所收敛。

练习7

你应该经常反省自己判断失误的情况。而且我敢断定，你肯定有过这样的失误。如果犯过一次错误，那么就可能犯过很多次错误。把这一点铭记于心。

练习8

你还应该回想自己在生活中所犯的错误。因为你所犯的错误，必将有人承受伤害。如果你能把这一点时刻铭记于心，也许可以稍微改变过于自信的态度。

你犯的错误，其中某些已经伤害到了别人。如果你对此并不在意，请你合上手中的书，“走你自己的路去吧”。

综合前面两章所述，每个人最好时常自省自己的陋习，无论这种习惯是不道德的或是其他。意识到“自我赞美是魔鬼在实施麻醉”。可以在认真慎重的情况下，犯一些个人错误。但是，他们应该严格审查以确定其力量和后果。然后下定决心，连根带叶彻底根除陋习。

立刻开始执行。随身携带错误清单，并且经常阅读。反复痛下决心，根除它们。对每项错误，限定明确时间。随时记录这方面的成功与失败，每天与陋习斗争结束时，阅读该记录。不断努力，直至成功。

同时，培养坚决刚毅、战无不胜的意愿。你终将成功！

痛下决心！“看谁才是最后的王者！”

第五篇

自控力练习（四）：心理操纵练习

第二十六章　演讲能力练习
——做一个有感染力的演讲者

上天赋予普通人语言的天分，
可惜他却没有察觉。
把美好的思想表达出来，
是一件多么惬意的事！
让语言成为你言听计从的仆从吧！

我在创作《化学基本论述》时，比以往任何时候都更加清楚地感觉到孔狄亚克所洞察到的真相。那就是：语言是思考的中介，语言是真正的分析工具。推理分析的艺术，不过是经过精心组织的语言。

——拉瓦锡

精彩的演讲源于精彩的思想

“天才”一词，绝不可夸大。在他人面前做出精彩演讲，完全没有必要具备超出常人的能力。很多人可能连站在观众面前清晰明白地表达自己都做不到，而在日常交谈中，有时候却能展现出不俗的口才。

交谈和演讲的区别，很大程度上存在于持之以恒的力量。乔治·H.帕尔默评论道:“谈话以句子为单位，很少依赖段落。我做简短评论，仅仅三四十字，然后等待朋友反馈给我更多的信息。对我们谈话中的语言进行简短分组，以形成精确、大胆和多样化的风格，但是其间并无充足的空间，施展我们建设性的才能。”

因此，必须培养我们建设性的才能。拥有平均智商的任何人，都能获得思想，并扩展词汇；如果他持之以恒，并且把握时机，将会为其发言披上整齐有序的外衣。

提高演讲能力的14种练习

练习 1

获得思想。

不善演讲者的首要问题在于思想底蕴太单薄。克服思想的贫乏只有一个有效途径——为了积累真相、获得思想并充实整个头脑，你应该读书、学习和思考。

当然，仅仅有想法还不够，必须通过真实思考，同现实结合起来。当你了解并就任何给定话题进行思考时，在其他条件同等的情况之下，就可以在一位听众面前侃侃而谈。

练习 2

完善语言。

不善演讲者存在的第二个问题是语言贫乏。你应该积累丰富的词汇——把它们作为表达的原材料。如果你按之前提到的建议去做了——专心致志地阅读并培养思考的能力，那么你已经储存了大量词汇，这些词汇在平时交谈中是听不到的。

你应该特别留意扩大自己的词汇量，增加一些平实严谨的词汇。为了做到这一点，在积累思想的同时，随身携带一本好字典，以备查阅，绝不允许漏掉一个未能彻底理解的词汇，一定要把它们作为生词添加到词汇表中。但是要尽量避免生僻词、很长的单词、说教气十足的词。

练习 3

多说勤练。

同时，你应当抓住每次锻炼表达能力的机会。这一点可以从日常对话开始。不要试图像杂志文章一样讲话。避免晦涩难懂或东拉西扯的生硬讲话方式。最重要的是，学习并努力做到自然流畅、平实易懂。

同时，利用你已经扩大的词汇量，表达自己日益深刻丰富的思想。这需要勇气和毅力。“我们往往容易认为，大量华丽的辞藻是为别人准备的，我们用不着。”“当我们第一次开始使用某个词时，自己都深感震惊，就像邻居家里突然放鞭炮一样。我们慌忙四下张望，看看有没有人注意到。但是我们发现没有人注意到，就变得大胆起来。用过三次的词再从嘴里说出来，就显得非常自然了。然后它就永远成了我们的词汇，虽然在以前的生活中我们从未用过这个词。”

所以，你应该培养在自己圈子里以不同寻常方式讲话的勇气。但是始终要记住一点，以尽量简洁的方式，自由陈述真相或事实。把这一点作为自己的目标，时刻不要忘记。

练习 4

自言自语。

你应该练习用词汇进行思考。独处时，完整思考一个句子，然后大声念出来。立即对其进行修改。继续考虑下一个相关的想法，在脑海里完整表述出来，然后和之前一样重复并改进。

在有意识的情况下，对自己的声音习以为常。演讲时，你会注意到自己的声音和手势，这将妨碍你的发挥。因此，在听众面前，要达到忘我的境界。为了做到这一点，在准备过程中，你就要对自己的一切了如指掌。

练习 5

在心中反复斟酌。

翻来覆去地思考上面的练习，在心中反复斟酌一个主题，而无须演说出来。不要因为你已经了解足够多有关话题的段落或短语而骄傲自满、浅尝辄止。演讲时，你将经常惊讶地发现，问题突然变得如同大理石一样难以破解，这时候，你将犹豫不决，并且对你的想法失去控制。

在你所有准备活动中，将如下规则视为固定不变：通过在脑海里实际运用词汇，并且如同在公开场合演讲一样，组成整体表达思想，以对演讲中的每寸土地深入挖掘。但是不要试图记忆思考中所采用的词汇。这将扰乱你的演讲，并且侵蚀你舒缓、活泼和有力的演讲。

在备忘录式思考和准备临场发挥之间的临界状态也存在危险因素；争取片刻自由时间，在脑海中回忆尚未烂熟于心的单词。思考每个词汇为演讲做准备，但是不要记忆除了思维方式之外的其他任何东西。然而，回忆思维方式时，只需记住你在思维方式方面的劳动成果，特别是某种逻辑关系，而非煞费苦心地把各个单词都记住。

练习6

有机连贯地发言。

记忆一些衔接词或者关联词，思考时就会自然呈现，并且成为引导演讲顺利进行的有效方式。但是，如果你能够对思维方式做出合理安排，就能在演讲过程中，一个话题自然地引出另一个话题。显然，这样的效果更好。

在准备过程中，应该特别关注你的连接和过渡。通常情况下，一个段落自然地跟在另一个段落之后。你会发现，如果插入或者去掉一个段落，将非常困难。这是因为你尚未思考如何自然过渡，而且，你不能仅凭一时冲动随意添加和去除而忽视其连贯性。

最后，在你开始演讲之前，确保自己熟悉段落之间的连接。

练习7

实战演习。

抓住每次机会，进行演讲。进行有准备的练习，将对你产生无法估计的价值。同时，密切关注进行即席演讲的机会。下定决心学习，一站起来就开始发言，并且养成同步思考的能力。

练习8

培养想象力。

又一个与想象力有关的问题。你应该按照这本书里提出的指导方法培养自己的想象力。帕默尔教授说过：“我们大部分人想象力的缺乏简直令人觉得悲哀，想象力也就是一个人走出自我，设想他人心理的能力。”

在进行思考的过程中，你要在脑海中，努力回忆即将演讲的细节。你不仅要用语言把这件事想清楚，而且还要意识到你将讨论的所有话题。如果是真理——感受它，如果是爱情——体验它，如果是欢乐——享受它。因此，手头要准备好与话题相关的所有元素，邪恶除外。

练习 9

精心准备实例。

如果没有明确、生动地亲眼看见，就不要凭空想象地谈论生活中的事件。而且，了解事件之后也不要浅尝辄止，试问你能流畅地讲述整个事件吗？你需要认真地思考这件事，而不仅仅是死记硬背，但是确保具备在内心如实地描述事件的能力。不要满足于对事件的本质仅有模糊的印象，而应该能够在头脑中回忆所有必要的细节，并且通过语言表述出来。唯有如此，你才能了解自己具备描绘场景的能力。

当你用语言清晰描述时，确定哪些是你需要向观众说明的重点。避免照片式毫无重点的说明；牢记你演讲的对象，拥有一定形象力；他们对相反的假设感到愤怒；他们喜欢用夸张的笔触描绘你仅仅简单勾勒的现实。

有关用语言进行思维准备的建议，可以以如下方式阐明：让我们假设你的观众是林间湖泊，水面上漂浮着杂物，树叶啦，枝杈啦，干枯的树皮啦。你希望通过搅动散落在各处的漂浮物，使水面流动起来，形成细细的波纹和涟漪。但是你没有用来搅动杂物的东西。湖岸是平坦的沙地，没有什么东西可以让你扔到水里。于是你从远处捡来一些东西，堆成一个小堆来用。现在你还没有决定这块石头要投向哪个方向，这块树皮是为了扔到哪一片叶子上，这块土疙瘩怎么样在湖面上荡起一片水花，你预先没有安排这些细节。演讲也是如此。为了一个已计划好的大致目标，你准备了大量材料。然后，为了实现最终目标，你将熟练控制这些材料，对于特定问题，等到时机成熟时，再做决定不迟。

准备好材料后，你要做的就是：观察。在脑海里为演讲做准备时，你的记忆不是任意而武断的；你只需要向自己保证你了解给定主题，并且能够就其阐明自己的观点。在公开场合，你将发现思想和语言可以信手拈来，因为你已经从周围零散的材料中，积累了足够的资料，因此演讲时，可以即时利用。

很多演说者对手头的演讲主题形成一个大致轮廓之后，就不再做进一步准备。这是懒惰的做法，最终他们的演说将很难达到雄辩的高度，因为他们的材料准备得不够充分。事实上，他们仅仅完成了筹备演讲阶段诚实、勤奋的工作。所以，一定要注意演讲细节，详细核实你将引用的事例，注意连接词的使用，最重要的是，使自己的脑子充满想法，并且这些想法都已经完全转化为具体的语句和词汇。

有人问温德尔·菲利普，他是如何掌握雄辩这门日益没落之艺术的。他回答说：“当内斯特站在希腊将军面前提议进攻特洛伊时，他说，‘胜利的秘密，在于有备而来’。数百个夜里，我都在思考如何演讲。”

练习 10

克服怯场。

在演讲时，最为普遍的困难，在于对观众的畏惧。这件事情很奇怪。你可能未必害怕观众席中的任何一位，但是大量普通人集合在一起，就令你心慌气短、口干舌燥，直至你开始采用在某种程度上的时尚词汇才能卸掉重负。

困难之所以存在，有三个原因。

首先，面对观众之前，你还不熟悉他们。

准备演说的过程中，你必须不时地照顾到演讲的对象。假设现在，黑压压一片的观众就在这里，而自己已经真真切切地面对他们了。在心里默默对向你张望的人群演讲。

始终要记住，看起来你永远都不像实际上那样害怕得厉害；观众并不会凝视你的脑袋；你可能会为随口冒出几个毫无意义的词语而深感绝望、懊悔不已，但是事实上，百分之九十九的听众却未曾注意；如果你不是彻底失败，或未产生丝毫预期效果（即使你有意这样做，也不大可能会形成这样的局面），那么你的演讲仍然能赢得百分之七十五的听众。

其次，你锻炼得不够。

你必须抓住每次锻炼演讲能力的机会。情形越困难，效果越好。永远不要放过一次机会。准备在任何情况下发表演说，为了不至于到时候措手不及，你要对可能出现的所有情形都要有所准备。如果可以避免的话，讲话不要干巴巴；不管开始是不是有趣味，一定要坚持到底。

如果演说不成功，一笑了之——人们不会一直都记得——抓住第二次机会。找出自己失败的原因，从中吸取教训。分析自己成功的原因，知道自己的长处。要像猎犬一样穷追不舍，一心求胜。

最后，你缺乏良好的自控力。

你必须激发意愿，来克服所有困难。在所有准备过程中，坚定不移是非常重要的。这只不过是一件不达目的不罢休的事情。

但是，只有目标绝不可能克服一丁点儿困难。真正开始演说时，问题才开始凸显。你害怕听众。你的意愿突然变得懈怠，你的精神力量瞬间消失殆尽，再也无法随意支配自己之前所做的准备。在这紧要关头，必须具有斗牛犬一样的决心。没有开口说话之前，绝不言败。绝不允许再次体验开始时崩溃的感觉。此时心智开始抵制消除全部压抑消沉的情绪。唤回自己所有以自我为中心的傲慢和狂妄。勇猛地向所有的敌人挑战。

开始时要镇定冷静，花点时间来做一点准备——这是你的机会。使自己沉浸在精心准备的字眼当中，但是不要着急；演说要逐字逐句深思熟虑地进行，为自己赢得镇定下来的时间。如果你进展顺利，你会在心里得到自己的鼓励，而你的听众也开始表现出配合的态度。

直视观众的眼睛。坦然忍受他们目光注视，对于想法提前出现在脑海里欣然接受。坚决将其视作属于自己的机会，并且充分地利用它。如果你没有找到合适的词汇，选择另外一个近乎正确的词来替代，或者用毫无意义的词汇连接前后句也可以。如果有人一脸倦容，将其视为低能者忽视。盯住亲切和善的脸。

记住，每个人都希望你演讲成功，因为没有观众愿意忍受公开崩溃。相信事实，相信自我。控制局势和场面。一定要当场赢得赞誉。

如果很晚的时候要求你发言，人们的热情已经消耗殆尽，你的情绪也不高，那就不要发言。

练习 11

信任观众。

准备演讲和真正发言时，演讲者都应该信任并尊重他的听众。

安多佛神学院主讲演讲修辞的教授奥斯汀·费尔普斯写道：“当林肯总统被问及他作为著名辩论家的成功秘诀时，他回答道，‘我总是假设自己的听众在很多方面比我高明，我尽量对他们讲富含智慧和哲理的话’。林肯意识到的总共有两件事情——尊重听众的智慧和努力说出自己知道的最具智慧的事情。他不清楚这两方面如何激发了听众对他的尊敬，并且信任他作为人民的领袖，当感觉到他声音的个人魅力时，就不由自主地倾向服从于他。但是他看到了，并且说出在当时的情绪下他可能说出的话，人们专心致志地聆听他的讲话，他获得了理解和服从。”

练习 12

勇气。

能够通过公开演说影响别人的人必须无所畏惧。在《勇气的培养》一书中可以找到切实可行的培养和锻炼勇气的指导方法。

奥地利国王对匈牙利爱国者巴伦·维塞拉说：“小心点，巴伦·维塞拉，小心你做的事情。你要想一想你的家庭，他们都是很不幸的。”“是很不幸，国王陛下，但是他们的不幸都是因为别人对待他们不公平。”巴伦勇敢地迎接了国王的挑战，维护了自己和家族的荣誉。

练习13

强烈的信念。

如果你拥有强烈的信念，你至少可以激发他人的类似情感。没有比如下方式效果更明显的了——摘自路易斯·科苏特讲述自己激发观众的经历：

“当我说到‘我们不愿意使自己的国家处于这种生死存亡的关头，把自己的头颅放在致命的打击之下，我们迫切地准备承受即将到来的可怕命运，并且勇敢地为保卫合法权益而战斗’时，我还没有说完——我还没有说出我们的防御需要20万人的战斗力，8000万弗罗林的财力——整个大厅就已经充满了自由的精神，400多位代表几乎不约而同地站了起来，举起右手向上帝庄严地宣誓说：‘我们同意，不自由，毋宁死！’

他们说完这句话，肃穆而沉默地站着，静静地等待着我再说出什么话。对我而言，讲话是我的义务。但是当时肃穆庄严的气氛和深沉感人的情绪，使我一句话也说不出来。一滴热泪从我眼中滚出，我的嘴唇颤抖着发出叹息，表达对万能造物主的爱慕和崇拜；在伟大的人民面前，我深深地鞠了一躬，就像我现在向你们鞠躬一样，先生们，我默默地从讲坛上走下来，一句话也没有说，一句话也说不出来。请原谅我的感情，我们烈士的身影在我眼前闪过；我听到数以百万计我的同胞，再次呐喊：‘不自由，毋宁死！’”

练习 14

抓住听众的注意力。

格伦维尔·克莱塞有关演讲的指导很受人欢迎。他说："演说家应该养成一种谈话式的演讲风格。生硬并且夸夸其谈地堆砌华丽辞藻的时代已经一去不复返了，观众喜欢并要求尽可能直接的讲话方式。实力派演讲家必须学习强调他的重要观点，不仅仅是通过提高声调、频繁点头示意和夸张地挥手示意，还必须通过抑扬顿挫的口吻、明智的停顿和其他一些聪明的方式……成功的演讲者在其风格中应该能够体现力量，不仅仅是浑厚声音的力量，而且还包括热情和真诚的感染力。深藏于演讲者背后的力量，才是真正有效的演讲术。其中，舌尖有力的演说、眼睛里放射出的光芒，将鼓舞每位观众，并且促使他们全身心投入，专注地倾听他的话题。"

你可以把日常生活中的普通事件，当作锻炼演讲能力的舞台，试着抓住人们的注意力，让他们听你讲话——不管你对面是一个人还是一大群人。

整个话题从开始到结束，始终不要忘记意愿的强大力量，以及坚强性格的意义。牢记这几章的箴言：

"我一定要做到！请关注我！"

第二十七章　社交能力练习——你的魅力价值百万

不要问别人能为你做些什么，
而要问你能为别人做些什么。
真心实意的热忱，
可以产生难以抗拒的魅力。
如果一个人让别人感到，
他拥有高尚的情怀，
他每一个步伐都坚实有力，
他一定能够成为大众的领袖。

如果你想对别人施加影响，就必须先了解他。熟悉他的天性，可以领导他；了解他的目的，可以说服他；明白他的弱点，使他敬畏你；懂得他的利益，可以控制他。

——培根

成为最受欢迎的人的8个秘诀

秘诀一：信念

对手头需要处理的事情抱着真诚的信念，在同别人交往时必然会成功。

爱默生说：“我曾听一位经验丰富的律师说，如果对方律师内心深处不相信他的委托人无罪，则我从不担心这样的律师会对陪审团产生影响。如果他不相信，则他的不信任将在陪审团面前表现出来，并且这种不信任将传达给陪审团，尽管他做出了所有严正声明。”

根据这条法则，无论何种形式的艺术作品，一旦我们进入同样的心境之中，此时我们就是艺术家。对于根本不相信的事情，我们无法反复赘述，使自己信以为真。

当斯韦登伯格描述一群宗教人士徒然地宣讲他们本身不相信的教义时，他要说明的就是这种坚定观点——尽管宗教人士讲得唾液四溅，几乎连自己都为之感到愤慨，但是仍然无人所动。

秘诀二：自信

个人影响力的首要因素是信心。西班牙冒险家皮萨罗从迦罗岛出发时，只剩一只船和少数水手，他们承受了极度的危险和磨难。巴拿马有人愿意将他从这次长途历险中解救出来。

但是，皮萨罗拔出剑，在沙滩上从东向西画了一条线。然后转身向着南方，他说，“朋友们！这一边是劳累、饥饿、风吹日晒、巨浪滔天、背叛和死亡；而北边是舒适安逸和快乐清闲。这里是秘鲁和它的财富，这里是巴拿马和它的贫瘠。现在来选择吧，你们每一位都来选择，什么是勇敢的卡斯蒂利亚人应该选择的。至于我，我选择南方”。说着，他跨过那条分界线。水手们都追随他做了同样的选择。

秘诀三：勇气

勇气也是这个问题的很重要因素。塞缪尔·斯迈尔斯写得非常真实：“兴致勃勃地投入使每件事情都会具有感染力。勇敢的人可以启发懦弱的人，迫使他们跟随他的脚步。在维拉战役里，当西班牙总部被摧毁，人们纷纷逃散的时候，一位名叫哈维朗克的年轻军官跳了出来，挥动自己的帽子号召西班牙人跟着他走。他用力一踹马镫，一下子跃到法国军队的防御前线，义无反顾地和他们厮杀起来。西班牙人像受到电击一样惊呆了，他们高声呼喊着‘勇士！’一鼓作气突破了法军的防线。”

秘诀四：自律

最大程度控制其他人的秘密，在于自我道德约束。有句话写得很好：“保持冷静，你将可以控制所有人。”克拉伦登这样评价汉普登：“他是自己激情的最高统帅，因此，他对其他人具有巨大的影响力。”

还有一种不光彩的办法可以控制他人，那就是研究并掌握他的弱点，但是为了高尚的动机而表现出良好的自我控制，同样可以在那些脆弱空虚的地方施加健康的影响，减少并控制人类可能做出的傻事。在这种情形下，有力量的人都是意愿坚定、目标高尚的人。人们迟早会发现有人操纵自己的弱点，并且感到强烈的愤怒和不满，终将摆脱桎梏，此时恐惧的动机已经不再控制约束他们。

秘诀五：正直

一个人的性格对同伴的影响力，取决于他在同伴面前表现出来的行为动机。一个人可以用恐怖政策来对大众进行严酷的统治——尼禄统治罗马的时候就像一个疯狂的亡命徒一样。爱护也可以成为一个人受到崇拜的控制性力量——基督使成千上万的人对他顶礼膜拜，就是因为他不求回报的善良和仁慈。

一方面，影响力是高压和恐怖，人民在忍无可忍的情况下起来反抗，最终推翻暴君的统治；而另一方面，忠诚和信念的动机不断得到强化，它们成为爱的魔力，使人继续处于它的影响之下。

秘诀六：洞察力

控制别人需要洞察他们的动机，发现他们的思想轨迹。据说人们对米拉波有这样的评价："米拉波能够用本能的洞察力马上预料到议员们的感情，他常常通过揭示他们隐秘的动机和竭力掩盖的东西而使政敌异常尴尬。似乎没有任何政治疑难问题是他不能解决的。他马上就能发现最秘密的症结所在，他的犀利睿智比敌人帐下数以百计的间谍都要深刻……他一下子就可以观察到对手微妙的性格特征。为了表达他观察得来的结果，他发明了一种语言，除了他自己几乎没有人能掌握；他用专门的术语来表达特定的才能、品格、美德或恶行，并且他一眼就能看出一个人假装的或者真正的性格特征。没有任何形式的虚荣、掩藏的野心或者狡猾阴险的行为能够逃脱他的眼睛；但是他也能看到优秀的品格，他对高尚的追求和良知美德给予了最高的崇敬和珍惜。"只要悉心培养，这种能力你也可以具备。

秘诀七：合作

对他人长久的影响力，来源于获得并集中他们的力量的能力。在这方面，最至高无上的个人力量，可以通过别人配合的程度来衡量，或者用号召他人成为自己同盟的人数来计算，或者通过提议作为忠诚理由的自我最高利益来判断。

控制他人的最佳规则是互惠法则。从长远来看，生活中所有的事情都是互利互惠的，己所不欲，勿施于人。自控力可以使自己变得礼貌、善解人意、耐心细致、乐于助人和开心快乐，并且深深感染你周围的朋友，使其感到身心的愉悦。

这些建议并不是要规定所谓的"方针"。并非所有人都是自私自利的。人类身上有一种神圣的品格，可以受到诚实、真实、正义的感召。如今许多身居高位的人自身最大的财富就是他们令人击节赞美的男子气概。真心实意的热忱会产生令人难以抗拒的魅力。人们相信格兰特，毫无疑问是因为他卓越的军事才华，同时也因为他们看到这位沉默寡言的指挥官是一位真正伟大的人。当一个人让别人感到他拥有某种千真万确的真理或原则，他的每一步都坚实有力，毫无例外，他一定能够成为大众的领袖。

犹太人中的所罗门只是个狂热分子；大卫是否是个称职的国王也值得商榷。斯蒂芬·道格拉斯虽然受过文明的教育，又有优越的政治背景，可是根本无法和林肯相比，因为林肯身上燃烧着难以熄灭的火焰，赢得了整个北方人民的心。这是“小个子的巨人”（道格拉斯）对抗“诚实的老亚伯拉罕”（林肯），后者凭着高尚和坚定的意志，在人民的欢呼下，庄严地站了起来，成为废奴运动的领袖。

秘诀八：自控力

具有坚强意愿的人是天生的领袖。如果该意愿同时还是正义的，那么它的影响力和控制力是必然而持久的——虽然有时看似平凡，但是往往在它的所有者死后还在继续释放影响。

克伦威尔的意愿使他成了铁腕人物。威廉·奥兰治用微妙的策略、耐心和坚忍与菲利普二世斗争，最后赢得了持久的影响力，而这种影响力是西班牙国王用财富、地位和宗教后盾都无法摧毁的。这些英雄史诗与日常小事一样，都是勇气和毅力的表现。

控制他人的坚强意愿，根本就是正确的意愿。

但是似乎并非所有这些原则都能直截了当地解释“个人魅力”的奥秘。神秘的力量到底是什么，可以使野蛮的动物变得驯服，迫使它在人的目光注视下转向其他方向。当面对着无所畏惧的受害者目不转睛地盯视时，是什么使罪犯放弃了自己行凶的企图。当家庭、学校和监狱里的灵魂在不安地骚动时，是什么力量安抚了他们。他们并不总是由于害怕遭到惩罚，因为这种惩罚也许并不严苛。也未必是由于爱，因为爱有时也会让人倦怠。也不一定总是保护，因为保护有的时候不能换来感激。这种力量是以永不屈服的意愿为中心的人格。我们常常可以找到其他的解释因素，但是在那些伟人身上，唯一的解释就是他们自己的意愿。

在马赛演讲的米拉波被称为“诽谤家、骗子、刺客和恶棍”。他说：“我等着，先生们，直到大家乐此不疲的批评和谩骂彻底结束。”米拉波的意愿是无比坚强的。他的整个人都使你感到一种超乎寻常的力量——一种作为民众领袖的卓绝力量。

说到惠灵顿，维克多·雨果评价道："一位二流将军赢得了滑铁卢之战的胜利。"虽然雨果是他所在时代的伟人之一，他的散文、小说等伟大著作历经百年仍然经久不衰，但是在做出如上评论时，他显然怀着对拿破仑的长期偏袒。惠灵顿对战役部署完备周密，具体执行时，用坚忍、执着和深谋远虑击垮了拿破仑，因此很多波拿巴的支持者对他心生不满。滑铁卢战役期间，有人不怀好意地问惠灵顿，如果他牺牲了怎么办，他回答说："按照原计划执行。"

下面一幕体现了他登峰造极的坚忍精神——一个疯子跑到他面前对他说："有人派我来杀你。"他的反应是："杀我？真奇怪。"在这样的人身上，钢铁般的意愿完全控制着行动。这种力量能够成就一般人无论如何都无法成就的伟大事业。它就像一队士兵一样冲锋陷阵，完全凭着勇气和意愿去战胜敌人、赢得胜利。这种力量毫不做作，像影子一样隐蔽，它说："我是你的主人。我把你当作我的朋友、追随者和仆人。"于是成功就出现了。

大家都熟悉催眠现象。现在，可以断言："无人可以违心地被催眠，除非他遵从某种条件，并将他带入主观状态，否则无人能够被催眠。"思想贫乏之人，不可能保持良好的敏感度；而敏感之人，是拥有强烈自控力和思维能力、同结果比起来更重视过程的智者；催眠术同以强胜弱的自控力并不抵触，但是，施术者可能比受术者拥有更坚强的自控力。

因此，催眠似乎至少在很大程度上取决于预先商定的状态。但是，"个人魅力"的秘密恰在于此。使同其打交道的人同样保持良好心态，才是真正有魅力的人。

由此可见，良好的个人演讲、正确的个人氛围、能言善辩、避免问题时的聪慧机敏、表现令人愉悦行为动机的能力以及类似资质，实属必要。

因此，社会和商业活动通用的成功箴言，连同绝不屈服的意愿、自我控制和永远保持成功的心态，构成了真正个人魅力的来源。

“在我们当前心态之下产生的各种想法，都具有或多或少的强烈力量，并且根据产生这种力量时向其传递的刺激，表现出强度变化。”

有关个人魅力的62条金科玉律

如果你将如下建议作为你人生资本的一部分，你将踏上与同事建立愉悦惬意关系的高速公路。尽管如下事项在理论上似乎足够简单，但是身体力行并且获得实际成果，却需要你坚持不懈地将其发挥到极致。

有关个人魅力的62条金科玉律

1. 千万不要发火。

2. 千万不要嫉妒或眼红。

3. 不要冷嘲热讽。

4. 不要把不愉快的想法告诉别人。

5. 如果不到万不得已，不要将令人不悦的真相告诉他人。如果非要说明事实，一定要向他透露，自己是出于善意的动机。

6. 如果不能在别人在场的时候当面表达某些评价，那么也不要在背后议论。

7. 如果其他人辗转听到你对他们的评论，会对你产生仇恨敌意，或者损害他们自身利益，那就千万不要说出这样的话。

8. 千万不要面对一位妻子批评她的丈夫，面对一位丈夫批评他的妻子，面对家长批评他的孩子，面对孩子批评他的父母，或者面对任何人批评他的亲戚或朋友。

9. 同其他人交谈时，清楚自己谈话的对象是谁，并且将所有社会、商业、政治和宗教因素考虑在内。

10. 伤害出席或在场之任何人的玩笑，千万不要开。

11. 千万不要向一位刚刚认识的女士讲述不适宜重复的任何事情。

12. 对于不知道自己能否办到的事情，不要轻易许诺。一旦做出承诺，就一定要做到。

13. 要立即兑现诺言。如果不能做到，要向有关人员进行解释。

14. 千万不要躲避债主。

15. 不要成为令人厌烦之人。

16. 自己的兴趣爱好，只留给自己欣赏。

17. 允许别人有自己的看法。

18. 对待事情，实事求是。

19. 诚心诚意地握手。

20. 对待下级，同对待上级一样客气。

21. 考虑其他人的权利和感受。你有没有管教自家厉声狂吠的狗，降低嘈杂难听的钢琴声，教训自己放肆淘气的孩子?

22. 坚守金科玉律。

23. 千万不要以错误的方式，同其他人产生摩擦。

24. 千万不要反驳一个恼怒之人。

25. 千万不要在会客厅或街道上，陷入争论。

26. 千万不要奚落一个男人的宠物理论或者一个女人的癖好。

27. 千万不要嘲讽一个人的步态、服饰、习惯和说话方式。

28. 千万不要嘲笑他人的缺点。

29. 不要让自己讥笑任何事情。轻蔑的冷笑是魔鬼的笑声。

30. 千万不要蔑视任何人。

31. 千万不要对别人呼来喝去，你的职员不是狗。

32. 在任何地方都要绝对诚实可靠。

33. 要亲切得体，乐于助人。

34. 培养待人接物慷慨宽容、周到热情的习惯。

35. 即使每月只有六十美元的收入，你也绝不能威逼恫吓他人。你只是一位售票员、一位摆渡者、一位宾馆接待员或银行收银员。如果以贵族自居对待他人，收入也不会增加。相反，如果你处处合乎礼仪，却可以收获颇多。

36.走在街上时，不要以精英、天使和帝国贵族血统中的纯正后裔自居。你当然非常可爱，但是同其他女士一样，你也只不过是一位有骨骼、脂肪、血液、神经的女士，有缺点，会犯错。

37. 除非出于原则问题，否则不要同他人对抗。然后，在内心铭记目标："为了胜利，而非疏远离间。"

38. 首先在内心设身处地为他人着想，否则不要轻易评价其他人。

39. 根据明确原则，评价将带来某些好处或者可以满足某些合理要求，否则不要将评价说出口。

40. 千万不要因为对一个人的大致印象，而使你对他的优秀品质视而不见。

41. 在讨论过程中，不要打断讲话者或者高谈阔论。如果不打断别人你无法插话，那么走开或者保持沉默。不愿聆听你意见的人，不值得你为了他情绪激动。

42. 采用抚慰的词汇，作为陈述分歧意见的开端。

43. 千万不要坚持同一个显然不愿意看到你的人打交道——除非你是警察、法官、收税人、律师助手、医生或者死亡信息的传递者。

44. 如果你要找的人很忙，那么一定要保持礼貌，尽量很快并得体地抽身。当他感觉稍好时，再去拜访。

45. 不要企图和疯子打交道。

46. 不要企图同蠢猪和解，最好不理他。

47. 不要向一个根本不需要的人员出售物品。

48. 不要向自认为是的顾客出售物品。

49. 不要向你从未善待之人请求帮助。

50. 不要企图蒙骗那些专门和人打交道的人。

51. 如果可能的话，尽量帮助别人。

52. 不要企图贬低了解某个问题比自己深入的人。

53．如果你从未对某些事物进行深入探究，发现其优缺点，请不要批评或谴责。当你对其真正或表面原则还不甚了解时，你将如何评价其对错？

54．切记，多一个朋友总比多一个敌人好。对其他人的怨恨和反感，将给自己的头脑带来严重伤害。

55．不屑于琐碎妒忌，或者不必为某人所说的话或所做的事一直耿耿于怀。

56．培养与人交往的能力，避开尖酸刻薄的评论，无论真实还是虚构。不要对无意识之下说的玩笑话，过于较真和敏感。

57．记住卡莱尔所说的“伟大的沉默的人们”——不要把自己知道的事情都说出来，无论事情同别人还是同自己有关。

58．不要在事件“成熟”之前讲出去。通常半生不熟的东西，往往让人消化不良。

59．在对某项目的方方面面考察完之前，不要开始做这个项目。很多时候，没有考察到的方面，正是问题所在的地方。

60．总讲令人愉悦的话语，肯定没错。因为你无法预料何时自己会被恶言恶语击中。恶言恶语如同骡子的后蹄，一直等待报复的时机，而且它总是能够得到这样的机会。

61．对每个人，不管男女老少，不要以居高临下、屈尊俯就的态度待之。

62．坚持自己的观点之前，确信自己的方式是最好的。说服别人接受你的观点之前，不要自以为是。

第六篇

和谐地生活：完美意愿的终极目标

第二十八章　如何培养孩子的自控力
——培养孩子的3大黄金准则

孩子的意愿是娇嫩的花蕾，
当你忽略了它，
让它重重地摔倒在地、
猝然而逝的时候，
灾难将降临世界。
善待孩子的意愿吧！

虽然我们不是天生的工程师、艺术家或科学家，但我们都是天生的教育家、天生的父母。在每个人身上，这种与生俱来的从事教育的天赋和才能比从事其他职业的天赋和才能都要强大得多、普遍得多。遗憾的是，这种才华大多处于沉眠蛰伏的状态而遭到浪费。它亟待被唤醒、被挖掘，最重要的是，亟待明智的引导。

——唐姆斯·麦克莱伦校长

培养孩子时，现代人常犯的两种错误

在今天的社会，家长或老师在教育孩子时常犯以下两种错误。

第一种错误：孩子的意愿，应当符合并遵从由父母或教师制定的某些标准。

这就意味着对孩子的天性，进行人为改造。这样做的确可以培养并改良天性，但是，这将永远失去自由发展空间。

请记住，培养孩子自控力的关键问题是：这个特定的孩子独具什么样的意愿品质？或者说如何才能改进这种特有的意愿？

每个孩子的个人意愿，都是他个人前进的动力。这种意愿并不像是工厂里的锅炉，锅炉和一套运转良好或运转有问题的机械连接在一起，如果人们对它不满意的话，就可以随时更换一个更好的或者对其进行修理。这种意愿是活生生的，它和它的精神机制密不可分地联系在一起，能够决定和主宰它的唯有精神力量，因而，它不可能顺从于任何外来强加的标准，除非这种标准是由精神自身带来的。

第二种错误：破坏孩子的意愿。

“破坏意愿”是一种违背事物天性的异端邪说，是对人类的一种犯罪。孩子在未来长大成人后的成功取决于他自己的意愿，以及由这种意愿所产生的力量。而“破坏意愿”就意味着摧毁自我引导的精神力量，这等于说，从一开始就扑灭了孩子成功的希望之火。

如果意愿得到了恰如其分的理解，没有人会希望破坏它的。

教导孩子顺从，并不需要去攻击或侵袭他的意愿，不论这种攻击或侵袭是采用平和的怀柔手段，还是采用剧烈的暴力手段。顺从只有在与孩子的意愿不矛盾的前提下才有内在价值，它的意义不在于如何顺从和顺从的结果。

如果意愿仅仅是受强迫和高压产生的，那它永远都不会内化到孩子的灵魂中。换句话说，假如没有精神的主动参与，强制顺从本身并不能起到强化意愿的作用。强制顺从可以导致对命令的公正合理性的沉思和发现，并由此间接地强化意愿。但是，如果说它没有导致这样的发现，那么它的危害就远甚于想象，它绝对是对孩子的一种严重的伤害。孩子们应当知晓生活中带有强制意味的东西，比如法律，但是，他们更需要成人教给他们判断的价值。

第一准则：用理性克制浸润童心

下面是我们给出的提升孩子自控力的最佳箴言：

尽量少用强制、武力等手段，应以理服人、耐心温和、循循善诱。

这一箴言在实践中的应用必须因不同孩子的个性而异。遇到的困难越多，应用这一箴言的必要性就越明显，并且，更加有必要在实践中灵活机智地加以变通。

为人父母或教师者必须拥有理性——必须通情达理——并且能够以极大的自制显示这种理性，对理性的力量满怀信心。

因而，不要试图让孩子的意愿屈从于某些僵硬的标准，要耐心地引导他们。

不要试图破坏孩子的意愿，而是想方设法使其理性发展。

不要放任孩子凭着一时冲动行事，要精心培育他的自控力，使其均衡发展。

练习孩子的自控力，绝不能抱有投机的心态。要向孩子提供周到慎重的教育——如同教育皇太子般谨慎小心。

这种教育包括用理性浸润童心。

第二准则：让孩子学会理性思考

对儿童意愿进行完美培训，需要在理性的氛围中进行，唯有如此，孩子自身的判断力才能蕴含和浸透公正合理性，并且推动相应意愿的锤炼。

父母应该经常让孩子思考的5个问题

如果加以分析，这一和自控力练习相关的理性准则，可以分解为如下几个问题。父母或老师应该促使这些问题连续不断地在孩子们的脑海里出现。记住，在孩子思考这些问题时，我们应该积极鼓励，而非强行打断。

1．这个行为正确吗？这是处理手头这件事情的正确途径或方法吗？例如，使用一把锯子或一根针。

2．这个行为彻底吗？你有没有丢下什么未完成的工作？例如，制作一个玩具或者是缝制一条围裙。

3．这个行为完美吗？例如，这是你最出色的朗诵，或者是你最佳的态度。

4．这个行为明智吗？它有没有可能为你带来满意的结果？例如，梦寐以求的野餐会，或者是上课迟到。

5．这个行为得到理解了吗？例如，某个经验教训，或者是做某件事情的方法。

这些能够唤醒孩子理解力的问题，是自控力练习的主要因素。每一个孩子都是一个生机勃勃、充满创造力的个体，他们的脑海中有着无穷无尽、形形色色的问题，而他们自身则是这些问题的中心。对于自控力的练习来说，这无疑是一个巨大的机会。你可以通过抓住一些类似的问题——为什么，怎么样，什么地方，什么时候，什么，谁的——来开启幼小的心灵，从而轻而易举地达到教育的目的。

例如：你下达了一个指令，孩子的脑海里开始连续不断地发问——“为什么我必须做这个？”“为什么我必须以这种而不是那种方式做？”“为什么我必须在规定的时间里做这个？”“为什么我必须在某个特定的地方做这个？”

相似地，也可以提出下面一系列不同的问题：“我该怎么样来做这个？”“我必须在什么地方做这个？”“我必须在什么时候做这个？”“我必须做什么？”“我做这个是基于谁的愿望或者为了谁的利益？”“这个行为将会带来什么样的后果？”“如果遗漏这个行为的话，后果又将如何？”“我在类似的情况中有过什么样的经验？”

对于教师而言，这个建议同样适用。通过这一连串的疑问，孩子的智力和理解力将受到大大触动，在他们身上发生的神奇变化足以令你目瞪口呆。它将挖掘出潜伏的自控力。

无论是对于孩子，还是对于父母或教师来说，愚昧无知都是不可取的。所以，对于任何普通的事情，试着问下面这些问题吧。

这件事情是怎么样的？

这件事情是如何发生的？

这件事情是在哪里发生的？

这件事情是在什么时候发生的？

这件事情关系到了哪些人？

这件事情为什么会这样？

在教育的过程中，孩子们常常被迫接受一些问题和答案。这是一种简单粗暴的生命教育。

无论是在家里还是在学校，孩子们必须接受大量这类不甚明智的教育。成年人自己不理解、不思考，为什么孩子们应当理解和思考？教师本人并没有从井里把所有的水淘干，为什么孩子们被要求这样做，凭什么要求他们知道井底有些什么？

我曾经问过一个孩子，她怎样来计算某面墙壁的面积。她向我背诵了一遍计算法则。然后我接着问：“你为什么要把墙壁某一边的长度乘以另一边的长度呢？”她说不出个所以然来。对于我们的教师来说，他们在教育孩子时从来就没有超越过这种简单的灌输方式。

我还问了另外一个孩子，为什么夏天我们离太阳更远，但却反而比冬天感觉更为温暖？她回答说：“因为在夏天太阳光线是直射的。”“但为什么这一事实会使我们的气候更暖和呢？”她同样不知道所以然。对于我们的教师来说，他们是永远也不会问这一类问题的。

“我的一位朋友，”詹姆斯教授说，“访问一所学校时，被邀请检查一个低年级班的地理教学。他扫了课本一眼，便问道：‘假如你在地下掘了一个几百英尺深的洞，那么你将发现这个洞的底部温度和它的顶端相比，是更热呢还是更冷呢？’班上所有的学生都面面相觑、鸦雀无声。教师见状赶紧说：‘我确信他们都知道答案，不过我认为你提问题的方式不太正确。让我来试一下。’于是，她拿起书本，问道：‘地球的内核是处于怎么样的一种状态？’立刻，全班半数以上的同学异口同声地回答道：‘地球的内核就像一个熊熊燃烧的火球，里面都是熔化的岩浆。’”

在这种情况下，主要问题在于地理教科书的编撰者或者说校委会身上。但是，教师或父母应当责无旁贷地打破这种传统迂腐的教育方式。否则，教育出来的学生思维呆板，也就毫不足怪了。

务必确信孩子们能够理解所传授事物的本质及其主要目的。理解包括了理性行为，因此，它可以间接地练习孩子们的意愿。

在培养孩子理解力的同时，还有一个重要方面，那就是培养孩子的判断力，即这种行为正确吗？

自控力练习必须在合乎道德规范的前提下进行，这是绝对必要的。培养自控力期间，道德伦理的缺失——无论是在父母身上、教师身上，还是孩子身上——都足以摧毁信任，使得孩子除了感受到强烈的压迫感之外没有任何对父母或教师的尊敬，并因此打乱了整个过程，妨碍了对自控力的正确练习。

如果对孩子的自控力练习建立在理性或理解的基础之上，那么就要谴责和摒弃下面这些在家庭和学校里普遍存在的态度。

永远不要用那种不可宽恕的专横方式支配和控制孩子：“照我说的去做。”“因为是我说的，你就得去做。”

如果指令没有更好的理由支持，那就将沦为不光彩的恃强凌弱。如果你有更好的理由，但你没有和颜悦色地予以说明，那么你蛮横无理的指令，势必导致未来的混乱状态。孩子们的理性是敏锐的质问者和法官。他尽管会表面上服从，但内心里却埋怨不满，因为指令的主人是如此的专横独断。相应地，他的意愿也会因不断滋生的抵触情绪而日渐消沉。无论是对你自己还是对孩子的幸福来说，这种意愿所产生的力量都是充满敌意的。

所以，当孩子针对你发出的指令询问理由时，永远不要推诿敷衍。不要强制孩子们盲目行事或者将自己意愿强加于他们。唯有你表现得通情达理，才有可能赢得他们对你的信任，而这种信任恰恰是培育良好意愿的首要因素。

尽可能地少以命令的方式支配孩子的意愿。从长远来看，同等条件之下，明确表达意愿，更加有效。即便直接命令似乎有必要，但你对意愿解释的理由，更能够吸引孩子的注意力，并最终如愿以偿——孩子心甘情愿、心悦诚服地顺从。

第三准则：激发孩子的兴趣

在孩子理性发挥作用的整个过程中，兴趣因素举足轻重。总体而言，顺理成章，因为一颗苏醒的灵魂也就是一颗产生了兴趣的灵魂。

通常，尽管孩子们意识到了某一行为的正确性，但要达到具有现实可能性、智慧道德崇高性的理想状态，却缺乏一种强烈的愿望。这种愿望的产生方式无非有两种：或者是来自于外力的强加，或者是经由深入浅出的诱导而自然产生。如果它是来自外力的强加，那么对于自控力的培育而言没有任何好处。如果它是由深入浅出的诱导而自然产生，那么在这个过程中，自控力也大大得到了强化和锻炼。为了激励孩子产生这种意愿，必须充分地激发他的兴趣。这就要求我们具备无限的耐心和宽容，所有这一切都是值得的，因为你将发现意愿焕发的力量更加强大，在这种自控力驱使下，孩子行为的质量也大大提高。

通过激发孩子的兴趣而培育的意愿具有神奇的力量，它可以在职责的激励下一往无前，即便这种职责非常沉闷乏味。并且，即便是所有其他的兴趣泯灭了，只要那些有关职责的兴趣依然存在，它都会永远坚守目标。

于是，我们便涉及了培养孩子自控力的第二个基本准则：兴趣。现在，面对某些吸引，孩子萌发了兴趣。

好奇的感觉。

模仿的欲望。

竞争的欲望。

认知的欲望。

为自己获利的欲望。

取悦他人的欲望。

争取独立的欲望。

在每一个正常的孩子身上，这些感觉和欲望日益积极活跃。它们或许一忽儿转向这边，一忽儿转向那边，一刻不停地促使孩子利用他所拥有的意愿去获得、赢取、征服某些事物。

他是好奇的，因而渴望去发现。

他希望去模仿，因而注意他人的思想、行动和言语。

他希望去竞争，因而渴望与他人比拼。

他希望理解和拥有严肃的知识，因而渴望在实践中锻炼自己的能力。

他希望为自身带来利益，因而渴望发现和运用合适的方法。

他希望取悦他人，因而渴望自己的行为举止合乎道德规范。

他希望能争取独立，因而渴望公正的判断和自由。

因此，为人父母和为人师者应当采取的态度和行动，一目了然：

保证孩子始终拥有旺盛的好奇心，敏捷的思维和锐利的感觉。

明智地引导孩子的模仿欲望，在模仿对象的选择、应避免的问题、模仿态度和方式等问题上，保持密切注意。如果孩子仅仅是在单纯地学样，那么减弱这种倾向。如果孩子模仿的方式很拙劣，设法加以改进。如果孩子在进行不明智的模仿，就要抑制这种倾向。如果孩子在以一种很有益的方式模仿，就要积极加以鼓励。总之，确保孩子模仿可能范围内的最佳榜样，并且，这种模仿激发他发挥到极致的兴趣。

模仿可以发展为效仿

所有有关模仿的建议，都可以在此应用。但是，模仿可能是自发的。如果确实是自发的，那么它应当是主观能动的。孩子首先受到刺激，继而模仿，在此基础上进一步产生效仿的欲望，这里就包含了自控力的因素。

我们可以用下面的例子来说明模仿和效仿之间的区别。约翰重复了他父亲说过的话，但这种重复纯粹是鹦鹉学舌，在这个过程中，除了对他的声音器官加以适当控制而需要自控力之外，他的自控力没有任何参与。这种情况就是简单的模仿。但是，如果约翰被教导要尊重父亲的行为举止、人生准则及追求，要不断地思索它们，并渴望着有一天它们能在自己的身上重现，那么，他的简单的模仿现在就已经转变成了更高层次的效仿了。

如果发现孩子在模仿一个坏典型，那么就要转移他的注意力。如果发觉他在模仿一个好的榜样还不够彻底，那么就要求他立即加以改进。如果他在模仿一个低级庸俗的对象，那么就将他的注意力引导到更崇高的目标上去。向他介绍值得效法的事件和人物，并且，利用任何一个机会向他灌输效仿的概念。在这个过程中，事实上你已经在不知不觉中练习了孩子的自控力。

崇高的模仿能力是造物主赐予每个孩子的宝贵天赋之一。

培养认知的欲望

向你的孩子提出一千个与他们生活息息相关的问题。鼓励他们就关心的话题向你连珠炮似的提问。毫无疑问，这种做法有着它固有的缺陷，应当适可而止，但是，它的优点也是显而易见的。孩子们提出的问题，是他们开放的大脑里各种思想碰撞而产生的爆裂声。

永远不要用这些粗暴的方式来回答问题："哦，没什么为什么，就是这样的！""哦，无所谓啦！""哦，不要来烦我！"如果你实在事务缠身，没法立刻回答问题，那就约定日后再处理这个问题，但是一定要信守诺言。

如果孩子现在还不能理解你的回答，向他保证在日后时机成熟的时候再做解释，并恪守这个诺言。如果你自己也不知道答案，坦率地承认这个事实。然后，把这个问题当作头等大事，想方设法地找出答案，并给孩子一个满意的答复。

引导孩子在所有的任务中寻找兴趣是个好办法。你不感兴趣的东西必定也是毫无意愿驱动力可言的东西。举一个例子来说：仅仅为了使自己处于繁忙状态而缝制一条围裙显然是一件非常乏味的工作；但是，如果是为了参加下次舞会而缝制服装，那显然就是一件饶有兴趣的活儿了。

培养孩子取悦自己的欲望

这种欲望是人类天性中最为强烈的动机之一，应当理智地加以引导、发展和控制。如果在实践中被误解或误用，那么它带来的只能是消极的负面后果。

如果仔细加以分析，我们可以把这种欲望划分为两种动机：健康的自利主义动机和不健康的损人利己动机。下面我们将揭示它们的微妙区别。

自利主义追求的是个人的最大利益，损人利己追求的则是一种虚假的利益。自利主义是在不损害他人利益的前提下追求个人利益的最大化，损人利己则是漠视社会公益、片面追求个人利益。自利主义尊重公共舆论，损人利己则忽视公共舆论。

自利主义总是关注他人的最高利益。因为每个个体都是生活在社会之中的一分子，只有在遵守法律的前提下实现最大多数人的最大利益时，个人的最大利益才能得以实现。损人利己则把个人与他人和社会孤立开来，他们在追求个人利益时丝毫不顾及他人，他们实现自己利益的手段是建立在否定和违背法律的前提基础上的。自利主义是一种永恒的人性所在，损人利己是对这种人性的永恒否定。

自利主义永远能够实现自己的要求，并焕发更大的能量，创造更多的机会；损人利己永远只能以挫败告终，并逐渐毁灭追求幸福的力量，令自己的世界日渐萎缩。

因此，在孩子幼小的心灵中培养追求自身的利益并令自己愉快的欲望，就等同于培养追求幸福和快乐的美好愿望。这就意味着对他们进行一种积极良好的教育，这种教育的结果就是把损人利己的阴影从他们的生活中驱逐出去，取而代之的是那种正当的健康的自利主义。

那么，应当怎么样来练习孩子取悦自己的欲望呢？

借助经验。孩子都曾经自私自利地想要为自己谋取某些好处，在这种情况下，你必须确保在他的记忆中，不时地浮现以前此类行为所带来的那些不愉快的结果。如果孩子对自身行为和后果之间的因果关系不太明了的话，应直率地对他解释清楚，这并不是一种惩罚，而是一种有益于身心的教训。如果孩子的表现良好，让他清楚地认识由此导致的良好后果。

如果两者之间的因果关系不明显的话，通过各种方式使之趋于明朗，即便借助于一些人为的手段也无所谓。

孩子的意愿必须时刻在他们的思想中占主导作用。在经过积极经验的正向激励之后，他那追求真正的幸福和快乐的欲望肯定会更为强烈。相反的，如果孩子们接受的是消极经验的负面强化，那么这种追求幸福和快乐的欲望肯定是萎靡无力的。

借助于对回报的热望。回报是万事万物天然的果实。在孩子的生活中，回报应当占据一个很重要的地位，但这种地位必须受到严格的调控。下面就是从回报这个角度入手，正确练习自控力的一些完美的激励法则。因此，不要把孩子的生活简化为履行一系列的职责，在履行职责之外，他们还应当获得回报。

不要仅仅因为你颁布了某个指令就强迫孩子实施某个行为。你可以在提出要求的同时提供某些回报——一件小礼物，给他一个惊喜，或者是其他有吸引力的条件。

不要试图通过模糊或抽象的观念来控制孩子的一举一动。要让孩子心悦诚服地接受教导，必须化模糊为清晰，化抽象为具体。

借助于特定的“理论”。理论必须作为一种具体的价值，以具体的形式呈现在孩子们面前。如果孩子们认识不到理论中蕴含的价值，他们的兴趣就会逐渐减退，意愿也就随之消沉。如果他们产生这样一种怀疑，即理论只不过是虚幻的不可捉摸的空洞概念，那他们就会对你的教导失去尊重，甚至是心生反感。因此，我们必须借助于某种途径把理论和实践连接起来，唯其如此，我们的孩子才能自然而然地将理论应用于各种具体的实践中。

事实上，在我们的家庭、街区、学校、邻里、村庄或城市等生活圈子中，都存在着某些所有人都必须尊奉的准则，它们是捍卫和保证共同的福利所不可或缺的。简而言之，我们可以借用“尊重”这个词来笼统地概括这些准则，以表达对他人情感的尊重。

对他人权利的尊重。

对他人意见的尊重。

对他人习惯的尊重。

对他人信仰的尊重。

对他人机会的尊重。

对他人自由的尊重。

对他人命运的尊重。

这些准则可以转变为信念或格言，并使之在孩子所有生活圈子中占据绝对主导地位。

培养孩子为他人谋幸福和快乐的意愿

在我们的生活中，损人利己固然是应当摒弃的，即便是健康的自利主义，在必要的时候也应当放弃。因此，要积极鼓励孩子公而忘私，不计私人小利而多为他人带来幸福和快乐。要达到这个目的，事实上机会是非常多的。下面我们可以提供一些简单的准则。

希望孩子做某事时，以请求的口气同他商量，而不是粗暴地发号施令。

对于孩子的服从，表达你的谢意。

对于孩子非同寻常的依顺，表示你的欣赏。

对于孩子提供的自愿帮助，真心实意地表示感激。

时不时地给孩子一些意想不到的惊喜。

对于孩子的周到谨慎，及时地表达你的认可和嘉许。

培养孩子独立的意愿

尽管围绕在孩子身边的关怀和呵护无微不至，但仍然需要千方百计地养成孩子独立思考、独立决策、独立行动的习惯。在父母明智的引导下，孩子独立的程度越完全，他的自控力就越能得到练习，未来成功的可能性也就越大。良好的独立精神可以通过以下途径得以培养。

根据人人都有的占有欲。如同那些有绝对权利处理财产的继承者一样，孩子们也可以拥有许多东西。他们的所有权应当得到完全的尊重，不应由于对他提出更高的道德要求而忽视了他应有的所有权。除了有权自由地支配自己的日常生活之外，孩子们还应当是肩负责任、与责任相伴随的诸多物品的主人，诸如一小块土地、一只动物、一叶小舟、一套工具、制作各种各样小玩意的机械、完成工作所需的原材料，等等。

借助于社会实践。在合理的约束和管教之下，商店、工厂、农场、公共建筑物都可以为孩子熟悉日常的生活以及做事情提供很好的机会，而这毫无疑问会提高孩子在特定的场合面对特定的情境时的处事能力，提高应对能力和自主意识，从而大大地增强他的独立性。

在任何情况下，都尽可能地让孩子依据自己的能力做出独立的判断，这是一种明智的做法。要做到这一点，就需要给予孩子最大程度的自由，不过，这种自由是有着特定范围的，它必须符合孩子的最大利益。或迟或早，孩子需要独立地面对生活而不是依赖他人。现在的问题在于，他未来的自由是那种发自心灵深处的自由还是在批准和许可之下的自由？成人的自由必须建立在孩提时正当而独立的自由基础之上。

因此，不要窒息孩子的独立意识，而是适当地加以调控。不要把孩子局限在你个人狭隘的观念和想法之内。减少你对他的硬性支配和控制，把控制的缰绳放得更长一些。这样一来，既可以很好地照管他，同时也可以锻炼孩子的自控力。

如果孩子在自由实践中遭到了伤害，那么经验是一个最好的老师。如果说孩子陷入了错误之中，那恰好为你的言传身教提供了一个绝佳的机会，你可以借机像一个讲故事的人那样把你的建议娓娓道来，并把建立在自治基础之上的独立作为主要的内容。

永远不要在慎重考虑之前不假思索地对孩子说“不”。需要进行默默地思考。如果你对自己很满意，对孩子复述你的思考过程。如果不满意，并且你希望借此机会让孩子吸取你的教训，那就大声地对他复述你的思考过程。如果你的确是犯了错误，那么坦率地承认并加以理性的分析，这是保持孩子对你尊敬的唯一方法。如果你是正确的，一定要避免沾沾自喜，但可以巧妙地用它来对孩子进行正面教育。如果你的判断不符合孩子的意愿，并且你不希望借此来教育孩子，你可以对他讲述你的想法，并果断对他表示反对。

在必要的时候尽可能轻松地说“不”，要学会拒绝别人。

永远不要在合乎情理地说“不”之后，又转向鲁莽草率地说“是”。

永远不要在应当明智地说“是”的时候,却说了“不”字。

千万不要养成毫无理由地反对的习惯。

永远不要说“是”之后，又转向鲁莽草率地说“不”。

永远不要说：“哦，我无所谓！”因为这句话表明你的教导没有经过慎重考虑。

如果问题没有按照你的思路得到解决，开诚布公地宣布这一事实，并赢得孩子对你的这一立场的支持。你可以通过以下途径再次培养他的独立性。

诱导孩子时不时地来一点英勇的冒险行动，当然，前提是你必须随时保持警惕，保障他的安全。

鼓励孩子在逆境中保持忍耐和持久。

鼓励孩子对自己的错误做出坦率的自我批评。

鼓励孩子对自己独立决定、行为和冒险所产生的良好结果，充满自豪感和成就感。

在脑海中随时回忆上述建议和有关手段和方法的实例，而无须进一步阐述。

孩子的兴趣通常是自发的和天然的。但是，大量的例子又表明自发的兴趣是可以培养和开发的。正是因为存在这种可以后天培养的可能性，詹姆斯教授才会有下面的关于“兴趣法则”的论述。

詹姆斯教授关于培养孩子兴趣的第一个法则

面对索然无味的事物，如果把它和你深感兴趣的事物联系在一起，它就会变得趣味十足。事实上，两个相互联系在一起的事物有助于彼此促进，本来就富于吸引力的一方会把它的魅力源源不断地传递给另一方。由此，原本显得枯燥乏味、味如嚼蜡的事物突然变得生动活泼起来，并且，这种生动活泼真实而强烈，具有天然事物独有的吸引力。

本法则提议如下三条实用准则。

1．在孩子的天地里，将那些生动有趣的事物和沉闷乏味的事物联系在一起；或者说，让沉闷乏味的事物,从无论以任何方式对孩子具有吸引力的事物中，分得一些乐趣。

2．从那些能够自然地引发兴趣的事物入手，为他提供一些和这些事物有着直接关联的目标。

3．将这些最初设定的目标与你希望向他灌输的长远目标，循序渐进地联系起来。通过某种自然有效的方式，巧妙地将新设定的目标与已经实现的目标联系起来。由此兴趣就可以从这个点辐射到另一个点，最终充满了整个目标体系。

总之，我们要做的工作，就是以某种直接或间接的方式，激发孩子对手头工作或任务的兴趣，然后，在激发起兴趣的基础上，想方设法地借助于迂回的方式，把这种兴趣与你所期望的事情联系起来。

詹姆斯教授关于培养孩子兴趣的第二个法则

自发的注意力不可能长久地持续下去，它必须踏着一定的拍子。对于成人而言，它完全正确。但是，成人保持注意力的节奏已算困难，对于孩子来说，自发的注意力就更为变化无常了。也正是基于这一原因，下面的建议才有其存在的价值。

对于同样一项工作或任务，要时时地让它呈现出新面目，要提出新问题，给人以新挑战、新刺激，总之，要不断地有新变化。

对于一成不变的事物，不管它最初的吸引力是多么强大，随着时间的流逝，人们的注意力势必会逐渐减弱。你可以通过对你的感官进行一个最简单的试验来验证这一点。尽量把你的注意力集中在墙壁或白纸上的一个圆点上面。你很快就会发觉出现两种情况：或者是你的视线变得模糊，以至于到后来你根本就无法清楚地看到任何东西；或者是你在不知不觉之中已经停止了看那个圆点，你的视线早已经转移到别的物体上面去了。但是，如果说你连接不断地问自己有关这个圆点的一些问题——诸如它有多大，有多远，是什么形状的，是什么颜色的，是否投下阴影，等等——换句话说，如果你是有意识地集中你的注意力，如果你从各种不同的角度来思考它，如果你由此引起了众多的联想，那么你集中在这个圆点上的注意力相对来说能保持更长久的时间。

詹姆斯教授关于培养孩子兴趣的第三个法则

在孩子的生活中，具体的东西总是最真实的、最有趣的。

世界上存在着万事万物。大脑不停地把抽象的事物转变成形象具体的事物。正是由于这一事实，生活才被赋予了无穷无尽的趣味。例如：数量单位=苹果、洋娃娃，自由=随心所欲地吃掉所有的果酱，上帝＝一个看不见的巨人，但是，因为他是无所不在的，因而可以在一只旧鞋子里找到并把他拴住——在一个开明通达的物理学教授家中，的确会出现这种教导方式。

因此，让孩子的自控力成为具体实践的原动力。任何时候都要牢记，孩子在很大程度上是教育的结晶，每个孩子都是可造之才。至于到底什么是教育，还是来听一听詹姆斯教授的高见吧：“除了把它称之为一种练习孩子获得良好的行为习惯和行为倾向的机制之外，再也没有更好的描述了。”

无论是在家还是在学校，这个获得后天培养的良好习惯的过程，蕴含了一句著名的格言：“没有反应就不会吸收，没有相关的表达就不会留下深刻的印象。”

上述有关理性和兴趣的基本准则，仅仅意味着，不论我们想向孩子施加什么样的影响，都必须留有足够的空间和余地，让他自由地在具体生活中独立思索。经由这种思索而引起的反应有助于练习孩子的自控力。孩子反应正确，等同于自控力练习正确。同样地，留在孩子脑海中的所有正确印象，都会以某种方式表现在其行动中。

如果你能够唤醒孩子的理性和判断力、激发他的兴趣，毫无疑问，你必将看到孩子令人欢欣鼓舞的正确反应和表现。这是屡试不爽的金科玉律。

第二十九章 如何过上和谐幸福的生活

在和谐的生活中，
必须对自己真实，
对他人公平，
对真理虔敬忠诚。
在和谐完整的人身上，
自控力是他光彩焕发的中心。

人性不是一台可以按照模型塑造的机器，人性是一棵树，它需要全面发展，从四面八方伸出自己的枝叶。支配它发展的是内在的力量，正是这种内在力量推动生命不断成长壮大。

——约翰·斯图亚特·穆勒

首先，找到不和谐的地方

不和谐的生活总是个别的，不是典型的。换句话说，它或多或少应该受到指责。

不和谐的生活与各种缺陷有关，这些缺陷或许是可以矫正的，或许是不可以矫正的。

从物质生活的角度看，之所以有很多缺陷得不到矫正，究其原因是意愿薄弱；矫正缺陷，靠的是凭借坚定的意愿找出症结所在，并将其剔除。

对自己的生理缺陷进行检查

检查：对自己进行最严格的检查，找出可以矫正的缺陷。

身体方面，比如，驼背、内八字脚等缺陷。

感觉方面，比如，近视、听力模糊等缺陷。

器官方面，比如，消化不良、肺部功能较差等缺陷。

肌肉方面，比如，肌肉无力、发育不均衡等缺陷。

神经方面，比如，神经衰弱、烦躁易怒等缺陷。

官能方面，比如，由于大脑迟钝造成的听力迟缓。

若想矫正这些缺陷，就要下定决心从现在做起，大力去实施。

从精神生活的角度看，之所以有很多缺陷得不到矫正，原因在于人们讳疾忌医，不具备克服缺陷所必需的不屈不挠的意愿。矫正缺陷，一定是发现得及时。

对自己的精神缺陷进行检查

检查：跟前面一样，细致周到地检查大脑，找到那些可以矫正的缺陷。

知觉方面，比如，观察能力不足或反应迟缓。

意识方面，比如，意识模糊、混乱表现不自然。

记忆方面，比如，对人名、面孔、日期等记忆不佳。

想象方面，比如，依赖过去的经验，对未来缺乏预见。

理智方面，比如，草率地做出判断。

意愿方面，比如，犹豫不决。

从道德生活的角度看，缺陷不可以矫正，这个说法是不能成立的，道德总是牵涉到意愿。因此，所有道德缺陷都是可以矫正的。你必须凭借自己的意愿，克服生活中的绝望情绪，同衰亡展开斗争。

对自己的道德缺陷进行检查

检查：你要不断地从身心两个方面去探寻，就连最微小的缺陷也不能放过。

良知方面，比如，交易过程中的细节。

精神状态和观念方面，比如，对周围人利益或神明的冷漠，或者在判断行为正误时的观点有失偏颇。

信仰和信念方面，比如，缺乏对信心的考虑，在证据不足的情况下盲目而固执地相信或不相信，反驳时表现出信心不足。

感情方面，比如，忽视指导原则，任凭恶意滋生。

希望方面，比如，对道德逻辑置若罔闻，对未来的生活缺乏正确的认识。

不和谐的生活体现的是后天获得的错误意识。

如果意愿是正确的，即便后天获得了不好的意识，也能得以克服。如果意愿是不正确的，就必须开发和培养正确的意识。

所有后天获得的缺陷都可以弥补。首先，它是一个愿望的问题，其次才是意愿问题。

对自己的意识缺陷进行检查

检查：仔细地审视自身个性的方方面面，寻找可能存在的后天获得性缺陷。你若对它们习以为常，就可能觉察不到它们的存在。所以，你不妨站在其他人的角度探察这些，用实事求是的目光审视。

审视处在意愿控制之下的人体的各种要素。

审视思想的每一部分，找到偏颇之处和错误的思维习惯。

审视道德品质，发现错误的信念、脾性和倾向等。

审视所有涉及自我控制的领域，看自己是否冷漠或存在大家公认的弱点，是否异想天开，缺乏务实的品质和平衡能力。

审视错误或误导性的“直觉”或观念。

意识到自己的能力和成长以及相关方面的不足，既不能夸大这些方面的成果，也不应低估自己，妄自菲薄。

这样的意识能给自己带来快乐，促使自己戒除自私、懒惰和自高自大方面的毛病。

意识到缺陷也可能令人痛苦，但从理智的角度说，这反而有利于改进不足。

毫无根据、不受控制的人和事终将遭到厌弃。

生活的不和谐，还意味着你的行为表现是不恰当的。

你的成败取决于自己的个性。从这个角度来说，行为是最为真实的表达。本书着眼于个人力量的增强，个性再加上这种力量，就能产生正确的行为，并借助行为的表现力进行自我完善。

如果你表现出脆弱的个性或不当的行为，那是因为你的原始天性，而且你允许自己将它保持下去。你的标准不是抽象的理想，而是最初的天性。你无论处于什么样的生活环境中都能利用这种天性。

因此，所有个性和行为上的缺陷都可以矫正。

奥里森·斯维特·马登意味深长地说：“我们当中的很多人在大多数领域非常出色，但由于某个小小的弱点或不良习惯，使个人能力在整体上大打折扣。我们很容易忘记，整根链条能够承受的拉力取决于最脆弱的环节，而不是最强的环节，一个很大的窟窿将使一条船沉没，一个很小的漏洞同样能使整条船沉没，二者之间的不同只是时间问题。”

其次，掌握和谐生活的标准

现在看来，和谐有序的生活跟不和谐的生活一样，都是个别存在的，不是典型的。换句话说，这种理想的生活状态是相对的，不是绝对的。跟前文中讲的一样，我们需要审慎地观察：

和谐有序的物质生活需要——
遵守所有的健康准则；
采取明智的行为；
对身体进行理性的控制；
尽可能地弥补所有的缺陷和不足；
充分运用各种力量使所有动作富有特色。
和谐有序的精神生活需要——
立足于自身开发各种力量；
最佳的协作与配合模式；
理智占据主导的地位；
清醒、智慧、强大的意愿，审慎的行动；

大脑与周围的环境保持恰当联系；

全身上下的各种能力为最高境界的个人幸福服务；

大脑始终接受事实和真理，而且只接受这些。

和谐有序的道德生活需要——

清醒的良知，机敏、健全的道德意识；

无论何时都不能违背良知；

良知得到思想和行为的高调支撑；

对精神状态进行区别，并进行有针对性的培养加强和利用；

信仰和信念应该建立在理智的基础上，在探寻光明的道路上得到发展，通过并依靠与适当的目标保持良好的关系得到强化；

认真、明智、持久地遵守宇宙法则；

从道德品质的角度敏感地理解事务、观念、行为，并在谨慎分析和道德理解的基础上理性地认识事物的本质，这样才有希望。

若想拥有和谐生活，你需要做到：

及时发现各种缺陷并予以弥补；

刻苦培养身心两方面的各种力量；

基于美德和理智的强大意愿控制全身的各项官能；

尽量避免反感的情绪，注意自我调整；

有意识地获得各种知识，从中得到快乐，不仅着眼于现在，而且对未来取得更大的发展充满期望；

用可靠的常识对“直觉”进行规范。

和谐生活与遗传因素

如果是有益于和谐生活的遗传因素，就最大限度地加以运用；如果是不利于和谐生活的遗传因素，就设法予以克服。

和谐生活与环境因素

在和谐的生活中，环境因素若对发展的益处不大，那么积极的因素将占主导地位；若环境因素阻碍发展，就要征服或改变它，或者放弃它，转而寻找更好的环境；如果环境有利于发展，那么就充分利用它带来的全部优势，但不能受制于环境，它始终只是有利的外围因素，还是要凭借坚定的意愿控制和主宰一切。

在自然界，环境是遗传因素发挥作用的依托；就人本身而言，环境应该成为意愿发挥潜力的大舞台。

和谐生活与个性

在和谐的生活中，对于建立在遗传基础上的个性，应加以改善、修正或抑制；对于建立在正确意愿基础上的个性，应加以珍视、研究、培育和滋养，将其作为优良素质永久性地保持下去。

和谐生活与行为

在和谐的生活中，对于自己和他人，行为必须是得当的；对于真理，行为必须是虔敬的。

这句简单的概括预示着艰巨的工作。生活需要付出巨大的艰辛，如果没有强大的自控力统率全局，人们面对纷繁芜杂的世事，必将一败涂地，甚至遭遇难以言表的毁灭。

显而易见的是：

意愿不是一个人的全部；

完美的意愿是一个人成熟的标志；

成熟的人拥有完善的个性，其中意愿居于中心的统治地位，控制着人的身体、情感、智慧、良知和所有的宗教意识。

所有强大的力量都植根于意愿。没有意愿什么都不存在。这些力量借助意愿的作用达到完美的地步。它们的发展离不开意愿的培养。完美的个性需要意愿这个中心，所有力量都是从这个中心迸发出去的。所以，没有意愿的存在，我们就不可能理解、探寻和巩固和谐有序的生活。

不和谐的生活就是意愿没有发挥作用的生活，人们在这种生活中没有自我发现和自我发展，也没有尽可能地弥补自己的缺陷。自身的能力没有向外拓展，不能形成完善的个性范畴。大部分人对自己的缺点和面临的不确定性视而不见，意愿也就无从进入他们的个性的中心地带。

多数人能意识到自己的缺点，但由于缺乏坚定的意愿，而不能着手予以改正。发现问题就应该立即改正。但人们往往因为懒惰，不敢面对结果，害怕付出代价，漠视真正的自我，这样做当然是不可取的。

通常来说，不和谐的生活是不能容忍的。它最终很可能导致破产，它是自杀的潜在诱因。

人在和谐的生活中，会竭力使各方面的力量增强至最大程度。他对每种力量都予以应有的重视，并将一丝不苟地坚持下去，努力弥补各个领域的不足。

遗传和环境：不和谐生活的两大诱因

不和谐生活的诱因之一：遗传

遗传方面，即便是不能治愈的缺陷，也能借助意愿，进行自我修复。比如，盲人可以着力开发其他器官的感知能力，使它们的感觉异常敏锐。能治愈的缺陷，可以通过适当的努力和照料加以克服，它们只不过是一些障碍而已。

身体方面，比如，肺结核的症状。

思维方面，比如，古怪的习惯和变态的表现。

道德方面，比如，天生地看重金钱。

不能将和谐的生活寄希望于遗传因素。和谐不是抽象地服从某个统一标准，不能忽视和谐的个性。一朵玫瑰就是一种具体的和谐，它不是镜像中的抽象和谐。

和谐的生活从一个人自身的天赋开始，建立在自身力量的基础之上，并根据自身的规律向前发展。所以，和谐可以分为许多个等级。每一级都有堪称完美的价值，但这种价值取决于智慧和意愿。

生活法则赋予人们这样的特权，他可以最大限度地利用遗传带来的优势。不管与别人相比他是多么的不完美，他的理想与自己的天赋多么的不相称，他都可以靠自己的力量过上和谐的生活。

理想能够激发人追求和谐的生活，充分施展自己的各种力量。但是，理想绝对不能是难以企及的标准。智慧和意愿不能用于去做不可能完成的事。

不和谐生活的诱因之二：环境

环境方面，即便有不能克服的不利因素存在，通过各种手段和努力依然能够获得个人的幸福，但这要靠不屈不挠的坚强意愿。如果那些不利因素是可以克服的，那么一经发现务必要谨慎处理。

检查：客观公正地看待家庭、住宅、邻里、社区、教堂、城镇、国家、气候等方面的不足。

这里有四个问题：

你怎样才能促进不良环境的改变？

你怎样进行自我调整，使自己达到最佳状态以适应改变后的环境？

你怎样才能更好地稳固业已改变的环境？

如果环境不容改变，你又该如何最大限度地利用它？

和谐的生活确切来说是独立于环境的。如果有坚定的意愿支撑，它不会被外围环境阻碍和破坏。

好的意愿会与环境保持和谐一致，并不断增强对环境的统驭力量。

好的意愿能够征服环境，迎着困难茁壮成长。

好的意愿能够创造环境，进而赢得胜利。

好的意愿只有在万不得已的时候才舍弃原来的环境，进入新的环境，并合理地持续壮大自己的力量。

人类的文明史证实了上述所有内容。每个真正成功的人都是他所在时代文明的缩影。意愿对人们自身、对遗传和环境的影响力在于：它是积极的、智慧的、个别的，它有着自身的规律并按这种规律发展，因此说它是自由的。绝对自由的意愿是近乎完美的意愿，而近乎完美的意愿就意味着和谐的生活。

在《拉加瑜伽》中有这样一个传说：一位伟大的圣人四处周游，他发现一个人待在一个地方沉思不动，以至于蚂蚁在他的周围堆起一座土山。这个人乞求圣人，还是让上帝赋予他自由吧。圣人继续旅行，看到一个人不停地唱歌跳舞，这个人向他乞求同样的恩惠。后来，圣人回到第一个乞求恩惠的人那里，并给他带来天堂的消息："耶和华告诉我，你再经历四次新生就可以获得自由。"这个人听后哀叹不已。当圣人遇到第二个乞求恩惠的人时说："我不得不告诉你，罗望子树上的叶子有多少，你就要经过多少次新生才能获得自由。"第二个人高兴地叫道："我很快就得到自由了！"这时传来一个声音："我的孩子，你现在就可以获得自由。"

能否过上和谐的生活取决于自控力

下面所说的"如何过上和谐的生活"没有囊括所有的内容，只是为你提供一些分析比较的依据。你应该反复阅读其中的内容。按照其要求去做，审视自身的细微之处，坚决改正自己的缺点，精益求精，将各种力量都调整到更好的状态，并使它们之间更加和谐。

如何过上和谐的生活

不要使缺陷继续存在下去。

培养以前被忽视的才华和能力。

充分发扬优秀的品质。

努力依靠自己的优点改正弱点。

克服不良的遗传因素。

控制环境因素。

寻求自我的完善。

决心使自己的人格和行为达到理想境界。

和谐的生活便是你的理想。理想既是绝对的，又是相对的。绝对的理想不可能实现。但是绝对的理想可以激励相对的理想。相对的理想是比现在稳操胜券的目标稍高一点的成就目标。

理想目标总是在不停地变化。一个目标一旦实现，另一个目标就会出现；实现以后它就不再是理想，而是现实，这时真正的理想又变成新的目标。

因此，相对的理想目标是一个人不断进步和成长的推动力量。它一方面激发人们对和谐生活的无限遐想，另一方面又使人们因觉得这种生活遥不可及而感到绝望。人们生活的不和谐，很大程度上是由于他们很少去探索和研究自己的理想。对和谐生活的探索和研究需要极强的意愿。

无论从哪个方面说，追求和谐生活的努力都将成为强大自控力最为卓越的指导者和开发者。如果你严肃认真地学习这一章的内容，并且毅然持之以恒地投身于追求和谐生活的实践活动中，你将成长为一位英雄，你的灵魂将越来越成熟，你的自控力将无比顽强。

如果你的生活不够和谐，那就表示你还没有把握事物的本质，没有与拥有高尚情操的人为伍，没有服从那种“超脱自我只为正义的统治力量”的支配。想在生活中抛开这种理论的人是无政府主义者。

他无视甚至非难神圣的法则。他的生活缺乏实质内容。他抛开有力的保障去面对生活现实，这等同于慢性自杀。

你存在着，就要有益于他人。这要求你去探索那些适合自己的事物的本质。这才是你的目标，你的生活，你将为此而不朽。

威尔姆·冯·洪堡说："人类的终极目标，或者说是永恒不变的理智要求，就是发展他的各种能力，使之达到至高无上的和谐境界，成为一个完善和谐的整体，而不受模糊的临时愿望影响。每个人都应该循着这个方向不断地努力，特别是那些希望对同胞有所影响的人，他们要时刻提醒自己，一定要不断增强自己的人格力量。"

约翰·斯图亚特·穆勒评价说："人性不是一架机器，它不能按照模型塑造，也不能根据说明书精确地执行任务；人性是一棵树，它需要全面的成长和发展，它依靠的是内在的力量，这样它才成为生命。"

本书所有内容中最值得铭记的是，生活不是苦役的判决书。生活中充满荣耀、尊严、机会、序曲和回报。

真正生活的丰富内涵——
存在于它本身，
存在于大千世界，
存在于我们的兄弟情谊，
存在于无限的希望。

对身体而言，既要休息也要劳动；对大脑而言，既要放松和消遣也要全神贯注地思考问题；对一个人而言，既要玩耍，在山间嬉戏，在海上搏击风浪，在自然中欢笑，也要不断地奋斗和追求胜利。但对意愿而言，何时都不能松懈，不能打盹，而是要夜以继日地勇往直前，勇敢无畏地征服一切。

为此，意愿最终才被奉为人类的精神之王！